Andreas Maiwald

Numerische Analyse des Wanderverhaltens von Wälzlagerringen

disserta
Verlag

Maiwald, Andreas: Numerische Analyse des Wanderverhaltens von Wälzlagerringen,
Hamburg, disserta Verlag, 2014

Buch-ISBN: 978-3-95425-302-9
PDF-eBook-ISBN: 978-3-95425-303-6
Druck/Herstellung: disserta Verlag, Hamburg, 2014

Bibliografische Information der Deutschen Nationalbibliothek:
Die Deutsche Nationalbibliothek verzeichnet diese Publikation in der Deutschen
Nationalbibliografie; detaillierte bibliografische Daten sind im Internet über
http://dnb.d-nb.de abrufbar.

Das Werk einschließlich aller seiner Teile ist urheberrechtlich geschützt. Jede Verwertung außerhalb der Grenzen des Urheberrechtsgesetzes ist ohne Zustimmung des Verlages unzulässig und strafbar. Dies gilt insbesondere für Vervielfältigungen, Übersetzungen, Mikroverfilmungen und die Einspeicherung und Bearbeitung in elektronischen Systemen.

Die Wiedergabe von Gebrauchsnamen, Handelsnamen, Warenbezeichnungen usw. in diesem Werk berechtigt auch ohne besondere Kennzeichnung nicht zu der Annahme, dass solche Namen im Sinne der Warenzeichen- und Markenschutz-Gesetzgebung als frei zu betrachten wären und daher von jedermann benutzt werden dürften.

Die Informationen in diesem Werk wurden mit Sorgfalt erarbeitet. Dennoch können Fehler nicht vollständig ausgeschlossen werden und die Diplomica Verlag GmbH, die Autoren oder Übersetzer übernehmen keine juristische Verantwortung oder irgendeine Haftung für evtl. verbliebene fehlerhafte Angaben und deren Folgen.

Alle Rechte vorbehalten

© disserta Verlag, Imprint der Diplomica Verlag GmbH
Hermannstal 119k, 22119 Hamburg
http://www.disserta-verlag.de, Hamburg 2014
Printed in Germany

Technische Universität Chemnitz
Institut für Konstruktions- und Antriebstechnik
Prof. Dr.-Ing. Erhard Leidich

Numerische Analyse des Wanderverhaltens von Wälzlagerringen

Von der Fakultät für Maschinenbau
der Technischen Universität Chemnitz genehmigte

- Dissertation -

zur Erlangung des akademischen Grades

Doktor der Ingenieurwissenschaften
(Dr.-Ing.)

vorgelegt von

Dipl.-Ing. Andreas Maiwald
geboren am 10.04.1981 in Karl-Marx-Stadt

Gutachter: Prof. Dr.-Ing. Erhard Leidich, TU Chemnitz
              Prof. Dr.-Ing. Bernd Sauer, TU Kaiserslautern

Tag der Verteidigung: 11. Juli 2013

Kurzfassung

In dieser Arbeit werden numerische Grundlagenuntersuchungen hinsichtlich des Wanderverhaltens von Wälzlagern vorgestellt. Der Begriff Wandern bezeichnet raupenartige Walkbewegungen der Lagerringe, welche zu einem kontinuierlichen Verdrehen der Lagerringe gegenüber der Anschlussgeometrie führen. Ziel dieser Arbeit ist die Erarbeitung einer neuen Herangehens- und Betrachtungsweise zur Gestaltung und Auslegung von Lagersitzen in praxisnaher Form. Letztlich sollen dem Konstrukteur anwendungsbereite Gestaltungsmöglichkeiten und Werkzeuge zur Verfügung stehen, die eine zielgerichtete Bewertung und Ausführung von Lagerring-Sitzen im Hinblick auf Schlupf- und Wandereffekte ermöglichen und auf diese Weise teure Folgeschäden verhindern helfen.

Mittels diverser Finite-Elemente-Analysen wurden anhand von komplexen 3D-Kinematiksimulationen erstmals die kinematischen Wandervorgänge in Lagersitzen unter realen Randbedingungen nachgebildet. Im Mittelpunkt der Untersuchungen standen die Einflussparameter, welche Wandern verursachen und begünstigen sowie geometrische und konstruktive Abhilfemaßnahmen zur Verringerung bzw. Eliminierung der Wandereffekte. Basierend auf den gewonnenen Erkenntnissen kann der Einsatz breiter, vollrolliger Wälzlager zur Reduzierung der Wanderneigung empfohlen werden. Ebenso ist die Vergrößerung der Pressung im Lagersitz eine wirksame Maßnahme zur Vermeidung von Wandern.

Weiterhin liefert die Arbeit dem Anwender anhand ausführlicher Parameteranalysen konkrete Hinweise zur Optimierung seiner Lagerkonstruktion bezüglich der Lagerwahl. Die Untersuchungen zeigen, dass das Kegelrollenlager und das Schrägkugellager die Bauformen mit der höchsten Wandergrenze darstellen. Das Zylinderrollenlager sowie das Tonnenlager weisen niedrigere Grenzbelastungen auf und sind daher anfälliger gegen Wandern. Am ungünstigsten sind Rillenkugellager.

Zur Ermittlung wanderkritischer Betriebszustände sowie der auftretenden Wanderkräfte bei Überschreitungen der Wandergrenze wurden Berechnungsmodelle entwickelt. Die Bestimmung der Wandergrenze für *biegemomentfreie* Lagersitze erfolgt mittels des COULOMB'schen Reibgesetzes unter Verwendung analytischer Gleichungen zur Berechnung der lokalen Spannungen im Lagersitz. Der Berechnungsalgorithmus wurde mittels einer einfachen 2D-FE-Routine programmtechnisch umgesetzt. Als Ergebnis liegt das vollautomatisierte Programm *SimWag* vor, welches selbstständig bestimmt, ob das untersuchte Lager die Wandergrenze über- oder unterschreitet. Zur Ermittlung wanderkritischer *biegemomentbelasteter* Lagersitze wurden empirische Gleichungen auf Basis des Klaffbiegemomentes erarbeitet. Zudem wurde eine einfache allgemeingültige FE-Simulationsmethodik auf Basis eines Lagersegments unter statischer Last entwickelt, mit welcher die Wanderkraft bzw. das Wandermoment von punktlastigen Außenringen überschlägig berechnet werden kann.

Abstract

In this thesis, the numerical analyses on the creeping behavior of roller bearings are presented. Creeping describes the flexing micro-movements (slip) of the loaded bearing ring. This slip leads to a substantial continuous rotation of the bearing ring relative to the connection geometry (housing or shaft). It can cause wear in the bearing seats followed by bearing failure. Therefore, creeping must be avoided. The aim of this thesis is to develop a new approach to the design and dimension of the bearing seats in a practical form. The design engineer shall receive tools and options which enable a more focused estimation and design of bearing seats with regard to the creeping effect. In this way, expensive consequential damage will be prevented.

Using various finite element simulation analyses which were based on a complex kinematic 3D finite element (FE) multi-body simulation, the kinematic creeping-processes in bearing seats were simulated under realistic boundary conditions for the first time. The studies detected important influencing factors that cause or encourage creeping. Further approaches for geometric and constructive remedies for reducing or eliminating creeping were discussed. Based on results, the use of the full complement and breadth of roller bearings are recommended. Similarly, increasing the interference fit in the bearing seat is an effective method to avoid creeping.

Furthermore, this paper contains specific information to optimize the bearing structure with respect to the selection of the type of the roller bearing. The studies show that the tapered roller bearings and angular contact ball bearings represent the types with the highest creeping limit. Cylindrical roller bearings and barrel roller bearings have lower load limits and are therefore more susceptible to creeping. Most unfavorable are deep groove ball bearings.

To determine critical operating conditions as well as the creeping forces which occur when the creeping limit has been exceeded; computational models were developed. The calculation of the creeping limit of bearing seats without bending moment load derived from the COULOMB friction law using analytical equations for calculating the local stresses in the bearing seat. The calculation algorithm was programmed using a simple 2D FE routine. The result was SimWag. SimWag is a fully automated program which independently determines whether the tested bearing is creeping or not. To identify the creeping limit of bending moment loaded bearing seats empirical equations were developed.

In addition, a simple FE-simulation methodology based on a bearing segment under static load was developed. With this methodology, the creeping force of outer rings under point load can be roughly calculated.

Vorwort

Die vorliegende Arbeit entstand während meiner Tätigkeit als wissenschaftlicher Mitarbeiter an der Professur Konstruktionslehre des Instituts für Konstruktions- und Antriebstechnik (IKAT) der Technischen Universität Chemnitz. Die Arbeit basiert auf den Forschungsvorhaben Lagersitze I + II, welche im Rahmen der Forschungsvereinigung Antriebstechnik e.V. (FVA) in Zusammenarbeit mit dem Lehrstuhl Maschinenelemente und Getriebetechnik (MEGT) der TU Kaiserslautern bearbeitet und über die Arbeitsgemeinschaft industrieller Forschungsvereinigungen "Otto von Guericke" e.V. (AiF) gefördert wurden.

Mein besonderer Dank gilt Herrn Prof. Dr.-Ing. Erhard Leidich, dem Leiter der Professur Konstruktionslehre, für das mir entgegengebrachte Vertrauen, die unablässige und tiefgründige Betreuung sowie die Schaffung einer äußerst produktiven Arbeitsatmosphäre. Die fünfjährige Zusammenarbeit, geprägt durch unzählige Gespräche und Diskussionen sowie den erforderlichen Handlungsspielraum zur Umsetzung neuer Ideen, trug neben dem Erfolg der Arbeit auch maßgeblich zu meiner persönlichen und fachlichen Weiterentwicklung bei.

Prof. Dr.-Ing. Bernd Sauer danke ich für das Interesse an meiner Arbeit, die fachliche Unterstützung im Rahmen der Promotion wie auch bei der Durchführung der Forschungsvorhaben Lagersitze sowie die Übernahme des Koreferats. Weiterhin sei Prof. Dr.-Ing. Maik Berger für den Vorsitz der Prüfungskommission gedankt.

Ebenso gilt mein Dank der FVA-Arbeitsgruppe Lagersitze unter dem Vorsitz von Dipl.-Ing. Stefan Pampel für das entgegengebrachte Interesse und die umfangreiche Unterstützung in den vergangenen Jahren. Diesbezüglich danke ich auch meinen Projektpartnern aus Kaiserslautern, Herrn Dr.-Ing. Till Babbick sowie Herrn Dipl.-Ing. Jürgen Liebrecht, für die freundschaftliche und konstruktive Zusammenarbeit.

Mein großer Dank gilt zudem den Mitarbeitern der Professur Konstruktionslehre für das freundschaftliche Arbeitsklima und die stetige Unterstützung, wobei ich hier insbesondere Herrn Dipl.-Ing. Jakub Vidner erwähnen möchte, welcher mit seiner fachlichen Kompetenz und seiner Hilfsbereitschaft ganz erheblich zum Erfolg der Arbeit beigetragen hat.

Danken möchte ich ebenso meinen Freunden und meiner Familie für all die aufmunternden, motivierenden, hilfreichen und unterstützenden Worte und Taten in all den Jahren. Ein ganz besonderer Dank gilt hierbei meiner Frau Mandy für ihre Unterstützung, ihr Verständnis, ihre Geduld, ihr Vertrauen und ihre Liebe.

Diese Arbeit ist meiner Familie ***Mandy, Nils und Lara Maiwald*** gewidmet.

Chemnitz, November 2013

Inhaltsverzeichnis

1 **Einleitung** 1
   1.1 Problemstellung 1
   1.2 Definitionen zu Bezugs- und Bewertungsgrößen 3
      1.2.1 Begriffsdefinitionen 3
      1.2.2 Wellen- und Ringgeometrie 4
      1.2.3 Spiel und Übermaß der Lagersitz-Passungen 4
      1.2.4 Bezogene Radialbelastung 5
      1.2.5 Wellenbiegung 6
      1.2.6 Wandergeschwindigkeit 7
      1.2.7 Wandermoment 8
      1.2.8 Definition der Wanderrichtung 8
   1.3 Stand der Technik / Forschung 9
      1.3.1 Gestaltung von Lagersitzen 9
      1.3.2 Relativbewegungen im Lagersitz 11
      1.3.3 Tribokorrosion 12
      1.3.4 Einflussfaktoren auf die Wanderneigung 13
      1.3.5 Abhilfemaßnahmen 16
      1.3.6 Wandergrenze 18
      1.3.7 Schlussfolgerung 20
   1.4 Zielsetzung / Lösungsweg 22

2 **Simulationsmethodik zur Untersuchung des Wanderns** 24
   2.1 Allgemeines 24
   2.2 3D-Kinematik-Simulation 26
      2.2.1 Grundaufbau 26
      2.2.2 Modellvarianten 27
      2.2.3 Piktogramme 29
      2.2.4 Werkstoffkennwerte 31
      2.2.5 Randbedingungen 31
      2.2.6 Kontakt 34
      2.2.7 Vernetzung 37
      2.2.8 Simulationsablauf 41
      2.2.9 Datenauswertung 42
         2.2.9.1 Wandermoment 42
         2.2.9.2 Schlupf bzw. Wanderdrehzahl 44
      2.2.10 Schlussfolgerung und Validierung 46
   2.3 2D-Simulation 48

3 **Mechanismen des Wanderns** 50

4 **Parameteranalyse zum Wanderverhalten von Wälzlagern am Beispiel des Zylinderrollenlagers NU205** 53
   4.1 Allgemeines 53
   4.2 System Außenring / Gehäuse unter Punktlast 54
      4.2.1 Allgemeines 54
      4.2.2 Einfluss des Lagergehäuses 55
      4.2.3 Einfluss der Lagergeometrie 56

I

4.2.4	Einfluss der Lagerrandbedingungen	59
4.2.5	Einfluss der Passung	60
4.2.6	Tribologischer Einfluss	61
4.3	System Innenring / Welle unter Umfangslast	62
4.3.1	Allgemeines	62
4.3.2	Einfluss der Wellengeometrie	62

5 Vergleich der Wanderneigung und Wandergrenzen verschiedener Lagerbauformen ... 65

5.1	Allgemeines	65
5.2	Lagertyp	66
5.2.1	Zylinderrollenlager NU205 (Referenz)	66
5.2.2	Keramik-Zylinderrollenlager NU205 Keramik	67
5.2.3	Rollenhülse RH 48x32x12	68
5.2.4	Rillenkugellager 6205	70
5.2.5	Tonnenlager 20205	71
5.2.6	Kegelrollenlager 30205	72
5.2.7	Schrägkugellager 7205	76
5.3	Lagergröße	77
5.3.1	Zylinderrollenlager Baureihe 05 (d_i = 25 mm)	77
5.3.2	Zylinderrollenlager Baureihe 16 (d_i = 80 mm)	77
5.3.3	Zylinderrollenlager Baureihe 20 (d_i = 100 mm)	78
5.3.4	Zylinderrollen-Großlager NU29/530 (d_i = 530 mm)	78
5.4	Schlussfolgerungen	79

6 Maßnahmen zur Reduzierung von Wandereffekten ... 82

6.1	Allgemeines	82
6.2	Gestalterische Maßnahmen	82
6.3	Konstruktive Maßnahmen	84
6.3.1	Maßnahmen am Gehäuse	84
6.3.2	Wandersperre	88

7 Berechnung der Wandergrenze ... 92

7.1	Allgemeines	92
7.2	Theoretische Grundlagen	92
7.2.1	Definition des Gültigkeitsbereichs	92
7.2.2	Festigkeitsbetrachtungen	93
7.2.2.1	Vorbetrachtungen	93
7.2.2.2	Ergebnisse	95
7.3	Biegefreie Lagersitze (Innen- und Außenring)	97
7.3.1	Modellaufbau biegefreier Lagersitz (Innen- und Außenring)	97
7.3.2	Analytischer Ansatz	99
7.3.3	Verifizierung (Biegefreier Lagersitz, Innen- und Außenring)	101
7.3.3.1	Referenzwerte für die Wandergrenze (biegefreier Lagersitz am Beispiel des Außenringes)	101
7.3.3.2	Verifikation des Berechnungsmodells biegefreier Lagersitz (Innen- und Außenring)	103

	7.3.3.3 Verifikation des analytischen Ansatzes biegefreier Lagersitz (Innen- und Außenring)	104
	7.3.3.4 Schlussfolgerungen	105
7.3.4	2D-FE-Routine *SimWag*	106
7.4	Biegebelastete Lagersitze (Innenring)	108
7.4.1	Modellaufbau	108
7.4.2	Referenzwerte für die Wandergrenze (biegebelasteter Lagersitz, Innenring)	109
7.4.3	Verifikation des Berechnungsmodells	111

8 Berechnungsmodell zur Ermittlung der Wanderkraft von punktlastigen Lageraußenringen **113**

8.1 Aufbau des simulativen Berechnungsansatzes 113
8.2 Verifikation des Berechnungsmodells 114
8.3 Erweiterung des Berechnungsmodells durch Integration des Fugenspiels ξ^* 117

9 Zusammenfassung **120**
10 Ausblick **123**
11 Literatur **124**

Verwendete Formelzeichen und Abkürzungen

Formelzeichenverzeichnis

Formelzeichen	Einheit	Benennung
A_{proj}	mm²	Projizierte Fläche
ΔA	mm	Wälzkörperversatz
a	mm	Stützweite
B	mm	Lagerringbreite
B^*	mm	Kontaktbreite
b	mm	Scheibendicke
b_{WK}	mm	Wälzkörperbreite
$C_{0,r}$ bzw. C_0	kN	Statische Tragzahl
C_r bzw. C	kN	Dynamische Tragzahl
c	N/mm	Federsteifigkeit
c_L	N/mm	Federzahl eines Wälzkörpers bei Linienberührung
c_{dyn}	N/mm²	Flächenbezogene dynamische Tragzahl eines Wälzlagers
D	mm	Durchmesser
D_A	mm	Gehäuseaußendurchmesser
D_F	mm	Fugendurchmesser Außenring
D_I	mm	Gehäuseinnendurchmesser
D_a	mm	Lageraußendurchmesser
D_i	mm	Innendurchmesser des Lageraußenringes
d	mm	Wirkdurchmesser der Wandersperre
d_A	mm	Wellendurchmesser
d_F	mm	Fugendurchmesser Innenring
d_I	mm	Welleninnendurchmesser

Verwendete Formelzeichen und Abkürzungen

Formelzeichen	Einheit	Benennung
d_{WK}	mm	Wälzkörperdurchmesser
d_a	mm	Außendurchmesser des Lagerinnenringes
d_i	mm	Lagerinnendurchmesser
Δd	mm	Durchmesserdifferenz zwischen den Fügepartnern
E	N/mm²	Elastizitätsmodul
F	N	Kraft
$F_{K,a}$	N	Axiale Kontaktkraft
$F_{K,r}$	N	Radiale Kontaktkraft
F_N	N	Normalkraft
F_R	N	Reibkraft
F_U	N	Umfangskraft
F_W	N	Wanderkraft
$F_{W,Fe}$	N	Wanderkraft, berechnet mit 3D-FE-Plattenmodel
F_a	N	axiale Vorspannkraft / Lagerlast
$F_{b,k}$	N	Klaffbiegekraft
F_i	N	Radiallast eines Wälzkörpers
F_r	N	Radiale Lagerlast
f	Hz	Frequenz
$f_{\ddot{U}}$	Hz	Überrollfrequenz
H	mm	Scheibenhöhe
h	mm	Hebelarm
K	-	Hilfsgröße
K_1	-	Technologischer Größeneinflussfaktor
K_2	-	Geometrischer Größeneinflussfaktor
$K_{F\sigma}$	-	Einflussfaktor der Oberflächenrauheit

Verwendete Formelzeichen und Abkürzungen

Formelzeichen	Einheit	Benennung
K_V	-	Einflussfaktor der Oberflächenverfestigung
L	mm	Scheibenlänge
L_h	h	Lagerlebensdauer
l	mm	Federlänge
l_F	mm	Fugenumfangslänge
l_S	mm	Lagersegmentlänge
Δl	mm	Federweg
M_B	Nm	Biegemoment
M_W	Nm	Wandermoment
$M_{b,k}$	Nm	Klaffbiegemoment
N	-	Lastwechselzahl
n	min^{-1}	Drehzahl
n_W	min^{-1}	Wanderdrehzahl
P	kN	Äquivalente Lagerlast
P_U	kN	Ermüdungsgrenzbelastung
P_o	µm	Höchstpassung
P_u	µm	Mindestpassung
p	N/mm²	Flächenlast
p_F	N/mm²	Fugendruck
ph_{max}	N/mm²	Maximale Pressung des höchstbelasteten Wälzkontakts
p_r	N/mm²	Bezogene Radialbelastung, Lochleibung
Q_A	-	Gehäusedurchmesserverhältnis
Q_I	-	Wellendurchmesserverhältnis
Q_N	-	Nabendurchmesserverhältnis
Q_a	-	Durchmesserverhältnis des Lageraußenringes

Verwendete Formelzeichen und Abkürzungen

Formelzeichen	Einheit	Benennung
Q_i	-	Durchmesserverhältnis des Lagerinnenringes
R_e	N/mm²	Streckgrenze
R_m	N/mm²	Zugfestigkeit
r	mm	Radius
S	µm	Schlupf
S_D	-	Sicherheit gegen Dauerbruch
S_W	-	Sicherheit gegen Wandern
S_a	µm	Axialspiel
s	µm	Wandstärke, Schichtdicke
s_F	µm	Fugenspiel
s_r	µm	Radiale Lagerluft
t_V	min	Versuchsdauer
U	µm	Übermaß
u	-	Umdrehungen
u_W	-	Wanderumdrehungen
W_B	mm³	Widerstandsmoment gegen Biegung
w_E	-	Einflussfaktor E-Modul
x	mm	Ortskoordinate
y	mm	Ortskoordinate
Z	-	Wälzkörperanzahl
z	mm	Ortskoordinate
α	°	Druckwinkel
$\beta_{\sigma b}$	-	Kerbwirkungszahl
Δ	mm	Relativverschiebung der Lagersitzpartner
δ	µm	Tangentiale Elementkantenlänge im Kontakt

Verwendete Formelzeichen und Abkürzungen

Formelzeichen	Einheit	Benennung
δ_j	mm	Einfederung des Wälzkörpers j
κ	-	Bezogener Hebelarm
μ_F	-	Fugenreibwert
μ_R	-	Rollreibwert
$\mu_{Z,max}$	-	Maximaler Reibwert je Zyklus
υ	-	Querkontraktionszahl
ξ	‰	Bezogenes Übermaß
ξ^*	‰	Bezogenes Fugenspiel
σ	N/mm²	Normalspannung
σ_B	N/mm²	Biegenennspannung
σ_{ba}	N/mm²	Biegespannungsamplitude
σ_{bW}	N/mm²	Biegewechselfestigkeit
σ_{rr} bzw. σ_{zz}	N/mm²	Radialspannung
$\sigma_{r\varphi}$ bzw. τ	N/mm²	Schubspannung
σ_{zdW}	N/mm²	Zug / Druck-Wechselfestigkeit
φ	°	Ortswinkel
φ_j	°	Lagewinkel des Wälzkörpers j
χ_B	-	Verhältnis Biegespannung zu Radialbelastung
χ_B^*	-	Relativer Biegeanteil
ω	rad/s	Winkelgeschwindigkeit

Indizes

Kurzzeichen	Benennung
A, a	Außen
AR	Außenring

Verwendete Formelzeichen und Abkürzungen

Kurzzeichen	Benennung
B,k	Klaffbiege-
Ge	Gehäuse
Grenz	Wandergrenze
ges	Gesamt
I, i	Innen
IR	Innenring
max	maximal
min	minimal
spez	spezifisch
t	tangential
üb	übertragbar
We	Welle

Abkürzungsverzeichnis

Abkürzung	Bedeutung
AFEM	Adaptive Finite Elemente Methode
AH	Außenhülse
AR	Außenring
C3	Lagerluftgruppe 3
CHIC	Chemnitzer Hochleistungs-Linux-Cluster
ESZ	Ebener Spannungszustand
EVZ	Ebener Verzerrungszustand
FDD	Flexibler dünnschichtiger Dämpfungsring
FEM	Finite Elemente Methode

Verwendete Formelzeichen und Abkürzungen

Abkürzung	Bedeutung
FVA	Forschungsvereinigung Antriebstechnik e.V.
GB	Gigabyte
GE	Gehäuse
Grenz	Wandergrenze
IR	Innenring
IT	ISO-Toleranzfeld
KeRoLa	Kegelrollenlager
LW	Lastwechsel
max	maximal
PTFE	Polytetrafluorethylen
PN	Maßtoleranzklasse für Wälzlager
PV	Pressverband
QT	Quenched tempered (vergütet)
RH	Rollenhülse
RK	Reibkorrosion
RP	Referenzpunkt
ScKuLa	Schrägkugellager
SMF	Scheibenmittelfläche
ToLa	Tonnenlager
WE	Welle
WK	Wälzkörper
WNV	Welle-Nabe-Verbindung
ZyRoLa	Zylinderrollenlager

1 Einleitung

1.1 Problemstellung

Die Lebensdauer von vielen Antriebsaggregaten wird unter anderem über die Lebensdauer der verbauten Wälzlager determiniert. Zum Erreichen einer hohen Zuverlässigkeit der gesamten Anlage ist die Abstimmung aller im Kraftfluss liegenden Bauteile bzw. Wirkpaare erforderlich. Bezogen auf die Wälzlager stehen demnach auch die Wälzlagersitze im Fokus, die mittelbar und unmittelbar mit Radial-, Biege- und Torsionsbelastung beaufschlagt werden.

Infolge der auf das Wälzlager wirkenden hohen spezifischen Belastungen müssen hohe Anforderungen an die Fertigungsqualität sowie die Betriebsbedingungen gestellt werden. Montagefehler, Mangelschmierung oder eine ungeeignete Passungswahl im Lagersitz können die Lebensdauer eines Wälzlagers erheblich reduzieren. Hinsichtlich der Lagersitzpassung greift der Konstrukteur auf Erfahrungswerte und/oder Richtlinien der Wälzlagerhersteller zurück. Hierbei muss zwischen einer örtlich konstanten Lagerlast (Punktlast) und einer relativ zum Lagerring umlaufenden Lagerlast (Umfangslast) unterschieden werden. Nach dem Stand der Technik sind umfangslastige Lagerringe mit einem im Vergleich zum Standardpressverband kleinen Übermaß und punktlastige Lagerringe mit einer Übergangs- bis Spielpassung auszuführen. Hierbei gilt es zu beachten, dass Loslagerungen und angestellte Lagerungen eine axiale Verschiebbarkeit des Lagerringes erfordern. Dies widerspricht teilweise der genannten Forderung nach einer Pressung im Lagersitz.

Offenbar im Einklang mit den zunehmenden Leistungssteigerungen und höheren dynamischen Beanspruchungen mehren sich Phänomene im Bereich der Lagersitze, die auf erhebliche Relativbewegungen verbunden mit Ringwandern schließen lassen [1]. Begleitet werden diese Relativbewegungen durch die Bildung von Passungsrost (auch Reibkorrosion genannt) im Lagersitz (**Bild 1-1**), der am Innenring zu Reibdauerbrüchen der Welle führen kann. Gleichermaßen können die mit den Wanderbewegungen verbundenen Verschleißerscheinungen auch Wellenverlagerungen mit entsprechenden negativen Folgen z.B. für den Zahneingriff im Getriebe bewirken. Die für die Anlagenbetreiber sowie letztlich für die Hersteller resultierenden Kosten sind häufig erheblich. So weist z. B. eine Versicherungsgesellschaft in [2] das Wandern der Lagerringe bei Umfangs- und Punktlast als einen Schadensschwerpunkt an Getrieben in Windkraftanlagen aus. Ein weiterer Versicherungsgeber [3] weist auf die „enttäuschende Lebensdauererwartung" der Hauptlager bei selbigen Anwendungen infolge der „rasanten Leistungssteigerungen" hin. In [4] wird von massiven Lagerausfällen in Getrieben für Windenergieanlagen aufgrund drehender Lagerringe berichtet.

1 Einleitung

Ausgeschlagene oder gelöste Lagersitze, drehende Lagerringe bei Lagerung in Planetenstufen und auf der Antriebswelle haben zu massiven Getriebeschäden (Folgeschäden an Radsätzen und Wellen) geführt. Weiterhin wird von vermehrten Schäden in Fahrzeuggetrieben, Radsatzlagern, Elektromotoren sowie Nebenaggregaten in der Luftfahrtbranche berichtet, welche ebenso dem Zwang der permanenten Leistungssteigerung unterliegen [5], [6], [7], [8]. Aufgrund der hohen Kosten und dem einhergehenden Imageschaden für den Hersteller sind deshalb technologisch und ökonomisch effiziente Lösungen zwingend erforderlich.

**Bild 1-1: Passungsrost am Sitz eines Wälzlager-Innenringes
(links: Welle, rechts: aufgeschnittener Innenring) [intern]**

Während für den festigkeitsrelevanten Biege- und Torsionsschlupf bei Welle-Nabe-Verbindungen (WNV) bereits zahlreiche Grundlagenuntersuchungen mit entsprechenden Konstruktionshinweisen existieren (z.B.: [9], [10], [11], [12]), lagen bis zum Jahr 2007 zu den Zusammenhängen und Ursachen des Wanderns nur wenige Informationen vor [13], [14]. Aus diesem Grund wurden in einer bilateralen Kooperation am Institut für Maschinenelemente und Getriebetechnik der TU Kaiserslautern (Experiment) und am Institut für Konstruktions- und Antriebstechnik der TU Chemnitz (Simulation und Analytik) Grundlagenuntersuchungen zu wandernden und schlupfbehafteten Lagerringen durchgeführt [15], [16], [17], [18]. Dabei standen die Beobachtung wichtiger Phänomene und die Klärung zentraler Einflussparameter im Vordergrund. Die experimentellen Untersuchungen dienten dabei zur Verifizierung der breiter gefassten Finite-Elemente-Simulationen, mit denen die Beanspruchungsverhältnisse sowie die wirkenden Wandermechanismen in den untersuchten Lagersitzen analysiert wurden. In den Arbeiten konnte Wandern (verbunden mit Passungsrostbildung) selbst bei Passungen „oberhalb" der Empfehlungen der Wälzlagerhersteller festgestellt werden. Dabei wurden wertvolle Erkenntnisse hinsichtlich der Signifikanz wesentlicher Einflussfaktoren auf die Wanderneigung gewonnen. Die theoretischen Betrachtungen und FE-Simulationen zeigten Mikrobewegungen im Lagersitz als Ursache dieser Phänomene auf, welche infolge der Steifigkeitsunterschiede zwischen Welle und Lagerinnenring sowie Gehäuse und Lageraußenring unter den wirkenden Lasten in den jeweiligen Wirkflächen schwer zu vermeiden sind.

Somit ist festzustellen, dass sich die Phänomene des Wanderns von Lagerringen als ein sehr diffiziles, aber dennoch experimentell wie theoretisch fassbares Problem darstellen. Dieses ist mit der bisherigen Herangehensweise der Lagersitzgestaltung, welche vereinfacht dargestellt bei Umfangslast eine Presspassung sowie bei Punktlast eine Spielpassung vorsieht, aber nicht zu lösen. Daraus leitet sich die Aufgabe ab, anwendungsbereite Berechnungs- und Auslegungsmodelle sowie Gestaltungs- und Einsatzhinweise bereitzustellen, die eine zuverlässige Ausführung von Lagersitzen ohne Ringwandern und/oder Passungsrostbildung ermöglichen.

1.2 Definitionen zu Bezugs- und Bewertungsgrößen

Weder die Wälzlager gleicher Maßreihen noch deren Lagerringe sind eindeutig als geometrisch ähnlich zu bezeichnen. Dies erschwert eine quantitative Übertragung von Untersuchungsergebnissen auf den jeweiligen Anwendungsfall des Konstrukteurs. Daher wurden die folgenden zweckmäßigen (problembezogenen) dimensionslosen oder dimensionsreduzierten Bewertungsgrößen definiert, welche eine Verallgemeinerung der Ergebnisse erlaubt.

1.2.1 Begriffsdefinitionen

Die Definitionen für alle wichtigen geometrischen Parameter zeigt **Bild 1-2** am Beispiel eines Zylinderrollenlagers.

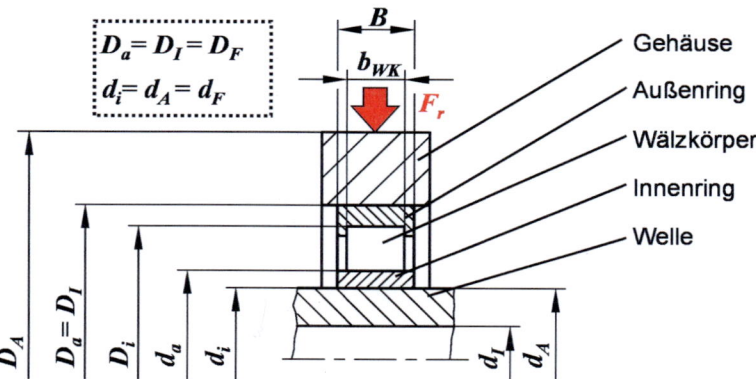

Bild 1-2: Geometrische Wälzlagerparameter und Definition der Fugendurchmessers d_F und D_F

1.2.2 Wellen- und Ringgeometrie

Die „Dünnwandigkeit" bzw. „Wandstärke" von Rotationskörpern wird in der Technik mit dem Verhältnis Q aus Innen- und Außendurchmesser beschrieben. Für die Lageranschlussgeometrie eines Lagersitzes werden die Indizes „I" für die Welle bzw. „A" für das Gehäuse verwendet.

$$Q_I = \frac{d_I}{d_F}, \quad Q_A = \frac{D_F}{D_A} \qquad (1.1)$$

Eine Vollwelle ist durch $Q_I = 0$ gekennzeichnet, beim Gehäuse entspricht $Q_A = 0$ einem unendlich ausgedehnten Gehäuse bzw. näherungsweise auch einer im Vergleich zu den Gehäuseabmessungen sehr kleinen Bohrung. Das mechanische Verhalten (Verformungen, Oberflächenspannungen) einer Hohlwelle mit $Q_I < 0{,}4$ ist dabei näherungsweise dem einer Vollwelle gleichzusetzen.

Für Innen- und Außenring werden die Indizes „i" bzw. „a" verwendet.

$$Q_i = \frac{d_F}{d_a}, \quad Q_a = \frac{D_i}{D_F} \qquad (1.2)$$

Bei den in dieser Arbeit untersuchten Lagern betrug das relative Wandstärkenverhältnis der Ringe ca. $Q_a = 0{,}7\ldots0{,}9$.

1.2.3 Spiel und Übermaß der Lagersitz-Passungen

In der Praxis werden Lagersitze in der Regel über ISO-Passungen definiert. Die Lagerhersteller geben ihre Passungsempfehlungen daher auch in Form von ISO-Toleranzfeldern (IT) für Welle bzw. Gehäuse-Bohrung an.

In Bezug auf eine *mechanische* Beschreibung von Lagersitzen ist hingegen die Angabe des bezogenen Übermaßes ξ zweckmäßig, welches sich aus dem Fugendurchmesser d_F bzw. D_F und dem Übermaß zwischen den Fügepartnern Δd berechnet.

$$\xi = \frac{\Delta d}{d_F \; bzw. \; D_F} \geq 0 \qquad (1.3)$$

Die Angabe erfolgt typischerweise in Promille (‰). Lagersitze weisen üblicherweise ein bezogenes Übermaß von 0 bis 1 ‰, Welle-Nabe-Presssitze von 1 bis 2 ‰ auf.

Die Glättung der Oberflächen, welche bei der Berechnung von Welle-Nabe-Presssitzen (vgl. [19]) berücksichtigt wird, wird nicht betrachtet bzw. vernachlässigt.

Zur *mechanischen* Beschreibung einer Spielpassung (Δd ist hier negativ!) wird das bezogene Spiel ξ^* verwendet:

$$\xi^* = \frac{\Delta d}{d_F \text{ bzw. } D_F} < 0 \qquad (1.4)$$

Es ist mathematisch betrachtet gleich dem bezogenen Übermaß. Daher ergeben sich negative Werte, die ebenfalls im Promillebereich einzuordnen sind.

1.2.4 Bezogene Radialbelastung

Die Quantifizierung der Lagerbelastung ist für die Ergebnisdarstellung von hoher Bedeutung. Typischerweise wird hierbei das Verhältnis C/P von dynamischer Tragzahl zu (radialer bzw. äquivalenter) Lagerlast als dimensionslose Kenngröße verwendet. Hinsichtlich des Wanderns sind jedoch primär die Belastungsverhältnisse in der Fuge ausschlaggebend, daher ist es sinnvoll die Lagerbelastung auf die projizierten Fläche

$$A_{proj}^{(\text{Innenring})} = B \cdot d_i \text{ bzw. } A_{proj}^{(\text{Außenring})} = B \cdot D_a \qquad (1.5)$$

zu beziehen. Somit ergibt sich die „flächenbezogene Radialbelastung".

$$p_r = \frac{F_r}{A_{proj}} \qquad (1.6)$$

Diese kann auch als gemittelter Fugendruck bezeichnet werden und entspricht demnach der „Lochleibung" mit der Dimension N/mm². Die Tragfähigkeit eines Wälzlagers kann über die „flächenbezogene dynamische Tragzahl"

$$c_{dyn} = \frac{C}{A_{proj}} \qquad (1.7)$$

ausgedrückt werden. Lager gleicher Bauart und Maßreihe weisen in etwa gleiche bezogene Tragzahlen c_{dyn} auf. Für die Zylinderrollenlager NU205, NU216 und NU220 liegen diese im Bereich von 75...80 N/mm² [15]. Somit können Lagersitze gleicher bezogener Radialbelastung p_r als „ähnlich" hinsichtlich ihrer (Radial-)Beanspruchung bezeichnet werden. Weitere Parameter stellen u. a. die Anzahl der Wälzkörper, die Wälzkörperlastverteilung und die Kontaktform in der Lagerlaufbahn (Punkt- und Linienkontakt) dar. So herrscht beim Rillenkugellager 6205 mit Punktkontakt bei konstanter bezogener Radialbelastung p_r eine wesentlich höhere HERTZ'sche Pressung als beim Zylinderrollenlager der gleichen Größe NU205, welches einen Linienkontakt aufweist.

1 Einleitung

Tabelle 1-1 zeigt zur Einordnung der verschiedenen Größen einen Vergleich der Lagerlastangaben für ausgewählte Lagerbauformen. Es ist ersichtlich, dass sich bei gleicher Radiallast F_r unterschiedliche bezogene Radialbelastungen p_r am Innen- und Außenring einstellen. Dies ist auf die unterschiedlichen Durchmesser d_i bzw. D_a zur Berechnung der projizierten Flächen zurückführbar (vergl. Gl. 1.5).

Tabelle 1-1: Vergleich der unterschiedlichen Lagerlastangaben für ausgewählte Lager

Lagerart		Bezogene Radiallast p_r [N/mm²]	Radiallast F_r [kN]	Dynamische Tragzahl / Radiallast C/P [-]
NU205	IR	37,33	14	2,04
	AR	17,95		
32205	IR	31,11	14	2,55
	AR	17,95		
RH 48x32x12	AR	24,31	14	1,79

1.2.5 Wellenbiegung

Für die Beanspruchung des Innenring-Lagersitzes ist die Biegebelastung der Welle eine charakteristische Größe. Die Beschreibung der Biegebeanspruchung erfolgt über die Biegenennspannung σ_B, welche sich aus dem Biegemoment M_B und dem Widerstandsmoment gegen Biegung W_B berechnet.

$$\sigma_B = \frac{M_B}{W_B} \quad (1.8)$$

Hierbei ist die Bestimmung einer „Bezugsebene" notwendig, wobei hier zweckmäßigerweise die „Mittelebene" des Lagers bzw. die Wirkebene der resultierenden Radiallast gewählt wurde (**Bild 1-3**).

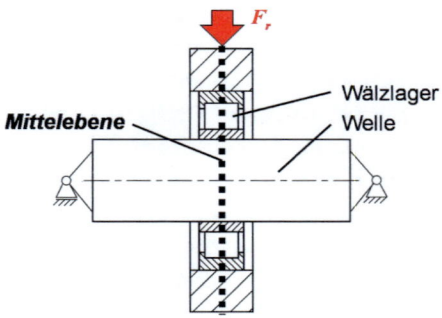

Bild 1-3: Darstellung der Lager-Mittelebene zur Berechnung der Biegenennspannung

Bei Praxisanwendungen kommt nennenswerte Biegung im Lagersitz i. d. R. nur bei „fliegend gelagerter Welle" vor. Typischerweise korrelieren Lagerbelastung und Biegemoment der Welle direkt miteinander. Somit besteht zwischen der Lagerkraft und der Biegebelastung der Welle ein direkter Zusammenhang, welcher durch die relevanten Einzelgrößen σ_B und p_r beschrieben werden kann. Aus dem Verhältnis beider Größen ergibt sich der (dimensionslose) „relative Biegeanteil".

$$\chi_B = \frac{\sigma_B^{(\text{Vollwelle})}}{p_r} \quad \text{mit} \quad p_r = \frac{F_r}{B \cdot d_i} \quad (1.9)$$

Dabei wird der Einfluss von Hohlwellen **nicht** betrachtet. In **Tabelle 1-2** wird die qualitative Klassifizierung des relativen Biegeanteils eines Lagersitzes nach [16] beschrieben.

Tabelle 1-2: Klassifizierung des Biegeanteils an der Lagersitz-Beanspruchung [16]

Relativer Biegeanteil χ_B	Qualitative Einstufung der relativen Biegebeanspruchung des Lagersitzes
$\chi_B < 1$	niedriger Biegeanteil, Radialbelastung dominiert
$1 \leq \chi_B \leq 3$	mittlerer Biegeanteil
$\chi_B > 3$	hoher Biegeanteil; Lagersitze häufig eher „festigkeitskritisch" (Umlaufbiegung der Welle) als „lagerlastkritisch" (Ermüdungslebensdauer)
$\chi_B > 10$	nahezu reine Biegebeanspruchung des Lagersitzes; Radialbelastung des Lagersitzes vernachlässigbar

1.2.6 Wandergeschwindigkeit

Um die Wanderneigung bzw. -intensität eines Lagerringes beschreiben zu können, wird häufig die Wandergeschwindigkeit v_W genutzt. Sie berechnet sich aus der Betriebs- bzw. Versuchsdauer eines Lagers t_V und den in diesem Zeitraum ermittelten Relativumdrehungen u_W zwischen Lagerring und Anschlussgeometrie.

$$v_W = \frac{u_W}{t_V} \ [\text{min}^{-1}] \quad (1.10)$$

Einheitengemäß handelt es sich hierbei nicht um eine Geschwindigkeit [m/s] sondern um eine Drehzahl [min^{-1}]. Demnach müsste der Begriff Wanderdrehzahl n_W verwendet werden (siehe auch Kap. 2.2.9.2).

1.2.7 Wandermoment

Zur Beschreibung der Wanderneigung bzw. -intensität von Lagerringen kann neben der in Kap. 1.2.6 definierten Wandergeschwindigkeit auch das Wandermoment verwendet werden. Es beschreibt das in Umfangsrichtung wirkende Torsionsmoment, welches zur Verhinderung der globalen tangentialen Relativverschiebung vorzugsweise zwischen Gehäuse und Lagerring, d.h. zur Verhinderung des Wanderns abgestützt werden muss (**Bild 1-4**). Ein hohes Wandermoment ist demnach einer großen Wanderneigung des Lagersitzes gleichzusetzen und damit als negativ einzustufen und umgekehrt. Die Wanderkraft F_W bzw. das Wandermoment M_W werden als eine geeignete Größe zum Abgleich zwischen Experiment und Simulation sowie zur Beurteilung der Wandergrenze (M_W = 0) herangezogen.

Das Wandermoment ist eine drehzahlunabhängige Größe [20].

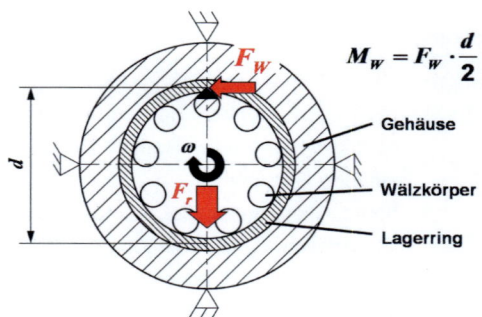

Bild 1-4: Modell zur Ermittlung des Wandermomentes M_W am Außenring

1.2.8 Definition der Wanderrichtung

Im Folgenden soll eine *eindeutige* Definition gegeben bzw. die angewendete Betrachtungsweise für die Wanderrichtung beschrieben werden. Dafür bietet sich eine *lokale* Betrachtung des Wanderns an: Der Bezugspunkt zur Betrachtung des Wanderns befindet sich hierbei auf dem Gehäuse bzw. der Welle. Wandert der Ring in Drehrichtung des Wälzkörpersatzes, so wird dies als positives Wandern definiert. Somit ergibt sich folgende Formel für das Wandern, wobei alle Umdrehungen in *lokaler* Drehrichtung des Wälzkörpersatzes *positiv* sind.

$$u_W = u_{Lagerring} - u_{Welle/Gehäuse} \tag{1.11}$$

Dies wird in **Bild 1-5** verdeutlicht. Der Betrachter (Kamera-Piktogramm) befindet sich lokal auf dem Gehäuse. Der Wälzkörpersatz dreht sich nach rechts. Nach der eingeführten Definition wird ein Drehen des Außenringes nach rechts als positives Ringwandern definiert. Beim durch die Wälzkörperkräfte generierten Ringwandern dreht sich der Lagerring immer in positive Richtung. Bei belastungsinduzierten Gehäuseverformungen, wie sie z. B. bei Planetenrädern oder dünnwandigen Gehäusestrukturen vorkommen, kann Ringwandern auch in negativer Richtung auftreten [16].

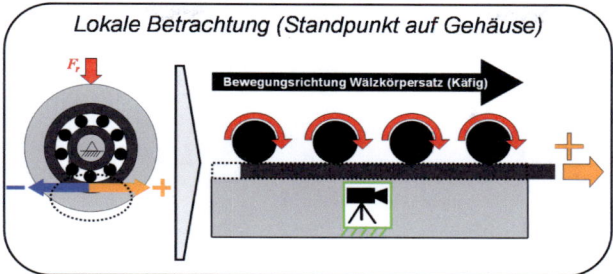

Bild 1-5: Definition der positiven Wanderrichtung (+) bei rotierendem Gehäuse mit lokaler Betrachtung

1.3 Stand der Technik / Forschung

1.3.1 Gestaltung von Lagersitzen

Der Lagersitz dient zur radialen und/oder axialen Festlegung der Lagerringe. Für den Außenring stellt dies zumeist das Gehäuse und für den Innenring die Welle dar. Primäres Auslegungskriterium ist dabei die Fugenpassung im Lagersitz. Aufgrund der geringen Dicke der Lagerringe und der damit einhergehenden niedrigen Steifigkeit sind für diese kleine Form- und Lageabweichungen vorgeschrieben (Toleranzklasse P0), um Einflüsse auf das Betriebsspiel infolge unerwünschter Ringverformungen zu vermeiden [21].

Die Toleranzen hinsichtlich der Passung der Lagersitze waren international genormt [22]. Obwohl diese Normung als technisch veraltet deklariert wird, sind in den etablierten Lagerkatalogen [23], [24] bei der Auswahl der Lagersitzpassungen immer noch die in [22] deklarierten Einflussgrößen relevant. Die Passungswahl wird dabei anhand der entsprechenden allgemeingültigen Auswahlkriterien in **Bild 1-6** durchgeführt.

1 Einleitung

Bewegungs-verhältnis	Beispiel	Schema	Belastungsfall	Passung
Innenring rotiert Außenring steht still Lastrichtung unveränderlich	Welle mit Gewichtsbelastung	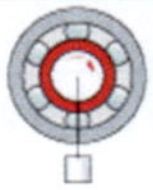	Umfangslast für den Innenring	Innenring: Feste Passung notwendig Außenring: Lose Passung zulässig
Innenring steht still Außenring rotiert Lastrichtung rotiert mit dem Außenring	Nabenlagerung mit großer Unwucht	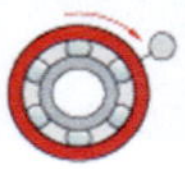	und Punktlast für den Außenring	
Innenring steht still Außenring rotiert Lastrichtung unveränderlich	Kfz-Vorderrad Laufrolle (Nabenlagerung)	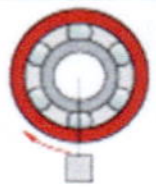	Punktlast für den Innenring	Innenring: Lose Passung zulässig Außenring: Feste Passung notwendig
Innenring rotiert Außenring steht still Lastrichtung rotiert mit dem Innenring	Zentrifuge Schwingsieb	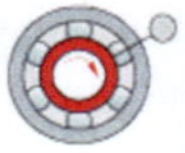	und Umfangslast für den Außenring	

Bild 1-6: Umlaufverhältnisse sowie zugehörige Passungsempfehlungen [24]

In den Lagerkatalogen wird dabei explizit darauf hingewiesen, dass bei Punktlast keine Gefahr bezüglich einer Schädigung der Sitzfläche (Verschleiß) besteht und eine lose Passung möglich ist. Es ist zu erwähnen, dass diese Aussage bereits in diversen wissenschaftlichen Arbeiten (z.B. [15], [16]) widerlegt wurde.

Aus den Empfehlungen der Wälzlagerhersteller ergeben sich daher gemäß [24] die in **Tabelle 1-3** aufgeführten Höchstpassungen P_o sowie Mindestpassungen P_u für das in dieser Arbeit im Mittelpunkt stehende Zylinderrollenlager NU205.

Tabelle 1-3: Passungsvorschläge für das Zylinderrollenlager NU205 mit der Toleranzklasse PN nach [24]

Parameter	Innenring	Außenring
Lagerbauform	Zylinderrollenlager NU205 (d_i = 25 mm / D_a = 52 mm)	
Belastungsform	Umfangslast	Punktlast
Radiallast	F_r = 14 kN	
Werkstoff Lageranschlussgeometrie	Stahl (E = 210 GPa / v = 0,3)	
Wandstärkenverhältnis Lageranschlussgeometrie	Q_I = 0	Q_A = 0,69
Höchstpassung im Lagersitz	P_o = +25 µm (M5/k6, ξ = 1,0 ‰)	P_o = +0 µm (H7/h5, ξ = 0,0 ‰)
Mindestpassung im Lagersitz	P_u = +2 µm (M5/k6, ξ = 0,08 ‰)	P_u = -43 µm (H7/h5, ξ^* = -0,8 ‰)

Die nachfolgend aufgeführten Einflussgrößen werden von den Lagerherstellern hinsichtlich der Passungswahl als relevant eingestuft [23]. Relativbewegungen im Lagersitz bzw. Wanderbewegungen finden hierbei keine Beachtung.

- Umlaufverhältnis
- Belastung (niedrig, normal, hoch)
- Lagerbauart
- Lagerluft
- Temperaturverhältnisse
- Anforderungen an die Laufgenauigkeit
- Ausführung der Gegenstücke
- Ein- und Ausbaumöglichkeit
- Verschiebbarkeit von Loslagern

1.3.2 Relativbewegungen im Lagersitz

Die in den Wirkflächen der Lagerringe auftretenden Relativbewegungen sind primär von den örtlichen Radial- und Schubspannungen sowie dem vorherrschenden Reibwert μ_F in der Fuge abhängig und lassen sich grundsätzlich in die zwei Bereiche Wandern und Mikroschlupf unterteilen. In beiden Fällen kann infolge des resultierenden Schlupfes je nach Einsatzfall Passungsrost bzw. Tribokorrosion generiert werden.

1 Einleitung

Beim Wandern handelt es sich um raupenartige Walkbewegungen der Lagerringe, welche beim Betrieb von Wälzlagern auch ohne nominelle Torsionsmomentleitung durch die Welle bzw. das Gehäuse entstehen können [25], [26].

Bei Innenringsitzen mit hoher Biegemomentdurchleitung bildet sich axialer Mikroschlupf aus (vgl. [27]), welcher nicht zwingend zu einer makroskopischen Verdrehung zwischen Lagerring und Welle führen muss. Allerdings überlagern sich meist beide Phänomene, so dass hoher Axialschlupf oft auch tangentiale Wanderbewegungen fördert. Für die Entstehung von Reibkorrosion hingegen ist auch das alleinige Auftreten von partiellem Mikroschlupf i.d.R. hinreichend.

1.3.3 Tribokorrosion

Nach DIN 50900 [28] ist Tribokorrosion eine Form des Verschleißes und wird als der Vorgang bezeichnet, bei welchem Korrosion und Gleitreibung zwischen zwei im Kontakt befindlichen relativ zueinander schwingenden Oberflächen beteiligt sind. Tribokorrosion, die sowohl in roter (Fe_2O_3, **Bild 1-7**) wie auch bei Sauerstoffarmut in schwarzer Farbe (Fe_3O_4) auftreten kann, ist aus optischen, vor allem aber aus Festigkeitsgründen zu vermeiden. Gleichwohl führt diese nicht zwingend zu einem Ausfall des Systems, weil ein Wellenbruch immer eine entsprechend hohe Beanspruchung der Welle voraussetzt, welche im Lagersitz zumeist nicht vorliegt.

Bild 1-7: Beispiel für trockenen (roten) Passungsrost
(Lager 6205, Innenring (oben) und Außenring (unten) nach 1 Mio. Lagerumdrehungen; bezogene Radialbelastung p_r = 7,7 MPa) [16]

Bei dynamisch beanspruchten Pressverbindungen und den damit meist einhergehenden örtlichen Gleitbewegungen (auch Schlupf genannt) zwischen Welle und Nabe, kann vor allem im Bereich der Nabenkante die auch als Passungsrost bezeichnete Tribokorrosion auftreten. Dabei führen partielle Verschiebungen zwischen Welle und Nabe örtlich zum metallischen Abrieb, der durch den Luftsauerstoff zum Passungsrost oxidiert. Diese Verschleißvorgänge führen auch zu einer Minderung des wirksamen Übermaßes in der Schlupfzone. Infolge der dadurch zunehmenden

Schlupfamplitude und den einhergehenden Mikroverschweißungen zwischen den Kontaktpartnern fördert der Passungsrost bei hohen Lastwechselzahlen das Entstehen von Anrissen an der Oberfläche bzw. in Oberflächennähe, wie GROPP [11], [29], VIDNER [30] usw. in zahlreichen experimentellen Untersuchungen ermittelten. Diese Anrisse führen bei fortschreitender Schädigung letztlich zum (Reib-)Dauerbruch. Reibkorrosionsschäden sind als besonders kritisch zu betrachten, da sie meist erst spät als solche erkannt werden und Abhilfemaßnahmen häufig sehr kostspielig sind. Pauschale Lösungen existieren nicht und daher muss jedes gefährdete Maschinenelement bzw. jeder Schadensfall individuell analysiert werden.

1.3.4 Einflussfaktoren auf die Wanderneigung

Nachfolgend werden relevante Forschungsergebnisse zu Einflussfaktoren auf die Wanderneigung vorgestellt. Von AUL werden in [34] diverse Arbeiten von PODSCE-KOLDIN et al. aus dem russisch-sprachigen Raum zitiert, welche hier auszugsweise aufgeführt werden sollen.

In [31] wird über den Verschleiß in den Lagersitzen punktbelasteter Außenringe in Getriebegehäusen berichtet. Der Verschleiß in der Aufnahmebohrung am Lagersitz, verursacht durch Mikroschlupf und Wandern der Ringe, erreicht in manchen Fällen 1 - 2 mm bei einem Wellendurchmesser von d_A = 35 mm. Dies führte zu einer (nicht näher beschriebenen) Verringerung der Lagerlebensdauer. Weiterhin wurde in [32] der Einfluss der Schwingungsamplitude und in [33] der Einfluss der Ovalität und ihrer Ausrichtung zur Lastzone auf die Ringwandergeschwindigkeit des Außenringes untersucht. Die Untersuchungen ergaben deutliche Einflüsse beider Parameter auf das Wanderverhalten sowie einen Optimalzustand mit minimaler Wandertendenz.

Weiterhin wurden von AUL in [34] auf Basis von [15] zahlreiche experimentelle und simulative Untersuchungen an punktlastigen Radiallager-Außenringen durchgeführt. Die Ergebnisdarstellung bezog sich primär auf das Wandermoment in Abhängigkeit von geometrischen Parametern der Lager- und Anschlussgeometrien. Zudem wurden zahlreiche Optik- und Rauhigkeitsanalysen zur Beurteilung der Oberflächenveränderungen und Passungsrostbildung infolge von Wandern durchgeführt.

In [35] (vergl. auch [16]) wurde von ZHAN et al. auf der Basis von experimentellen und simulativen Untersuchungen das Wandern von punkt- und umfangslastigen Radiallager-Außenringen untersucht. Es wurde gezeigt, dass lokale Verformungen des Lagerringes - welche aus der Bewegung der Wälzkörper resultieren - für die gemessenen Relativbewegungen im Lagersitz verantwortlich sind. Außerdem wurde der Einfluss der Faktoren Lagerspiel, Radiallast, Ringdicke und Wälzkörperanzahl auf die Wanderneigung festgestellt (vgl. **Bild 1-8**; **Bild 1-9**), wobei sich auf ein dem Wandermoment vergleichbares, leider nicht näher definiertes „Relatives Schlupfmoment" bezogen wurde.

1 Einleitung

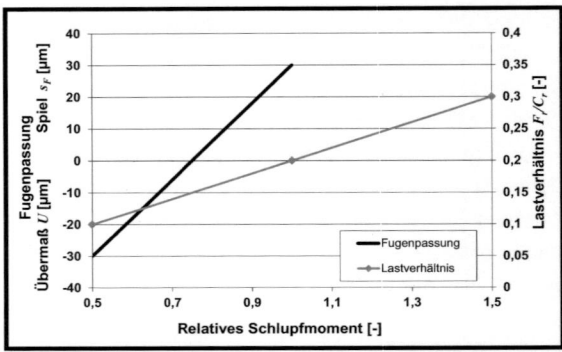

Bild 1-8: Fugenpassung und Lastverhältnis F_r/C_r über relativem Schlupfmoment (nach [35])

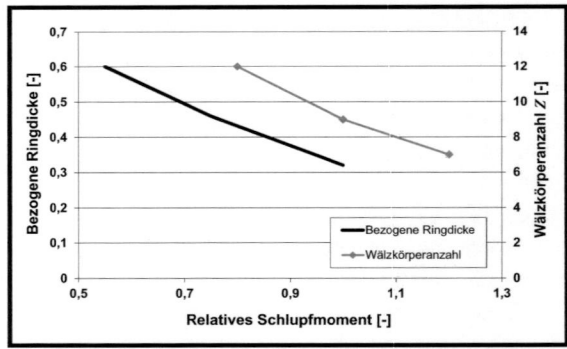

Bild 1-9: Auf den Wälzkörperdurchmesser bezogene Ringdicke sowie die Wälzkörperanzahl Z über dem relativem Schlupfmoment (nach [35])

Zu erkennen ist ein steigendes relatives Schlupfmoment bei steigendem Fugenspiel oder Lastverhältnis. Es zeigt sich weiterhin, dass hohe Fugenpressungen bzw. geringe Radiallasten mit einer Reduzierung der Wanderneigung einhergehen (Bild 1-8), was mit den Ergebnissen in [15] korreliert. Weiterhin wurden die wanderreduzierenden Tendenzen bei der Erhöhung der Wälzkörperanzahl und der Ringdicke festgestellt (Bild 1-9).

Die neuesten Ergebnisse zum Wanderverhalten von Wälzlagern werden von BABBICK in [20] vorgestellt. Er untersuchte experimentell den Einfluss diverser Parameter auf die Wanderneigung von Außenringen unter Punktlast. Dabei wurden neben Zylinderrollenlagern (ZyRoLa) unterschiedlicher Baugröße auch Rillenkugellager sowie erstmals Rollenhülsen betrachtet. In **Bild 1-10** ist hierzu einer der verwendeten Prüfstände dargestellt. Der ortsfeste Außenring überträgt hierbei die ins Prüfgehäuse (6) eingeleitete Last über den drehenden Innenring in die Prüfwelle. Der Prüfstand ermöglicht somit die experimentelle Untersuchung umfangslastiger Innenringe und punktlastiger Außenringe ohne Biegeeinfluss.

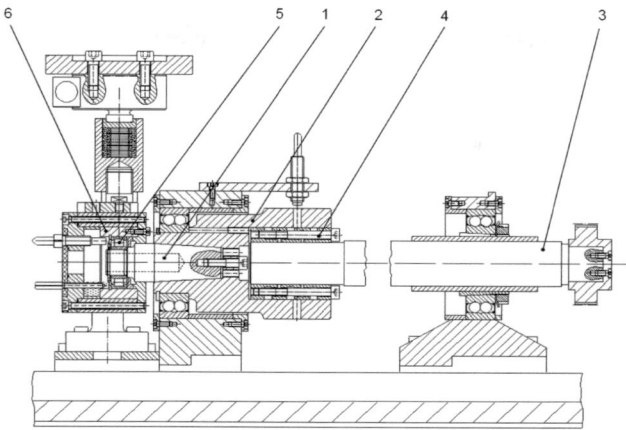

Bild 1-10: Prüfstand zur Untersuchung umlaufender Innenringe nahezu ohne Biegemomentbelastung [15]

Bild 1-11 zeigt die am Prüfstand integrierte Vorrichtung zur Messung der Wanderkraft bzw. des Wandermomentes im Detail. Der Mitnehmerring (7) besitzt eine formschlüssige Verbindung mit dem Außenring des Prüflagers (5). Die Wander- bzw. Umfangskraft am Außenring wird somit über den Mitnehmerring auf einen drehbar gelagerten Hebel übertragen und in die Kraftmessdose (11) eingeleitet.

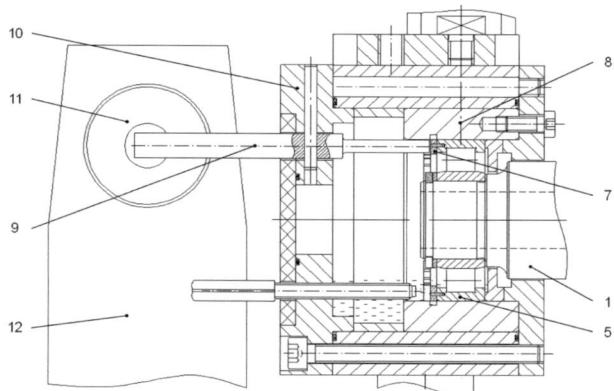

Bild 1-11: Erfassung der Ringwanderkraft am Prüfstand [15]

1 Einleitung

Neben den einzelnen Tendenzen zur Wanderneigung stellt BABBICK in [20] die folgenden empirischen Formeln zur Berechnung des Wandermomentes M_W von punktlastigen ZyRoLa-Außenringen vor.

$$M_W = w_E \cdot \left[\left(3{,}83 \cdot 10^{-4} \cdot D_F - 9{,}51 \cdot 10^{-3} \right) \cdot ph_{max AR} + \left(-0{,}29 \cdot D_F + 1{,}47 \right) \right] \quad (1.12)$$

$$w_E = \left(3{,}5 \cdot 10^{-6} \cdot E_{Ge} + 0{,}47 \right) \quad (1.13)$$

M_W [Nm], D_F [mm], $ph_{max AR}$ [N/mm²], E_{Ge} [N/mm²]

Neben dem Fugendurchmesser D_F und der maximalen Pressung des höchstbelasteten Wälzkontakts am Außenring $ph_{max AR}$ wird der E-Modul des Gehäuses E_{Ge} in die Berechnung mit einbezogen. Die Pressung im Wälzkontakt $ph_{max AR}$ kann analytisch mittels der Gleichungen von HERTZ [36] oder näherungsweise anhand der Gleichungen in [21] berechnet werden.

Ebenso wird eine empirische Gleichung zur Berechnung der Wandergeschwindigkeit in Abhängigkeit der Radiallast F_r und der Überrollfrequenz $f_Ü$ vorgestellt.

$$v_W = \frac{\left(0{,}144 \cdot F_r^{0{,}405} - 6{,}93 \right) \cdot f_Ü}{\pi \cdot D_F} \quad v_W \text{ [min}^{-1}\text{], } F_r \text{ [N], } f_Ü \text{ [Hz], } D_F \text{ [mm]} \quad (1.14)$$

1.3.5 Abhilfemaßnahmen

Die übliche Vorgehensweise zur Unterbindung von Wanderbewegungen stellt derzeit die Erhöhung der Überdeckung dar, welche auch von den Wälzlagerherstellern empfohlen wird [23]. Zusätzlich soll das Festlegen der Lagerringe in vielen Fällen durch axiale Fixierungen (Absätze und Sicherungsringe; mit oder ohne Einstellung) unterstützt werden. Diese Maßnahmen können jedoch i. d. R. Relativbewegungen der Lagerringe nicht verhindern (siehe [37], [38]). Zudem lassen sich je nach konstruktiver Gegebenheit die Lagerringe nicht immer mit Übermaßpassungen festlegen, z. B. wenn die betreffenden Lagerringe axial eingestellt werden müssen. Teilweise werden daher in der Praxis sehr unterschiedliche Gegenmaßnahmen getroffen (**Bild 1-12**, [16]), welche z.T. kombiniert angewendet werden und kaum verallgemeinerbar sind. Diese Maßnahmen verschaffen zwar teilweise eine Abhilfe, ein auf die Wirkung bezogener quantitativer Vergleich, verbunden mit einer Kostenanalyse, wurde aber bis dato nicht umgesetzt. Somit fehlt es an einer fundierten Entscheidungsgrundlage, welche dem Praktiker zielorientiert die notwendigen - bisher meist in einem aufwändigen *Trial and Error Prozess* ausgewählten - Maßnahmen für die jeweilige Anwendung aufzeigt.

1 Einleitung

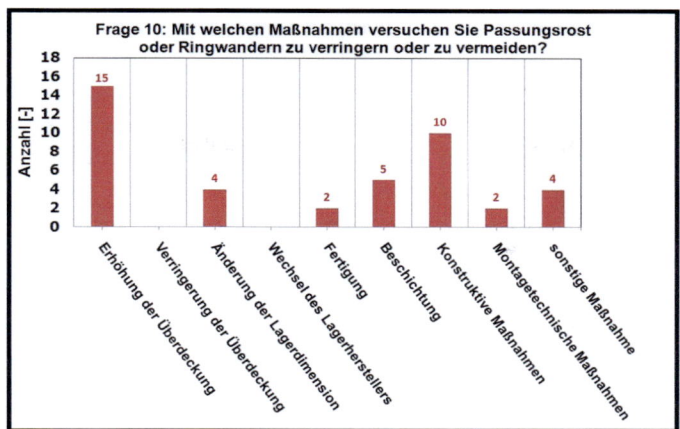

Bild 1-12: Ergebnisse einer Firmenumfrage zu Maßnahmen gegen Wälzlagerringwandern [16]

In **Bild 1-13** sind exemplarisch praktische Umsetzungen von Wandersperren dargestellt. Aufgrund fehlender Berechnungsgrundlagen können diese die wandertypischen Mikro-Relativbewegungen oft nicht dauerhaft unterbinden. Letztendlich tritt ein Abscheren der Nasen oder Stifte infolge der dynamischen akkumulierten Belastung ein. Der danach einsetzende Verschleiß in der Fuge (Lagersitz) führt anschließend zum Versagen der Anwendung.

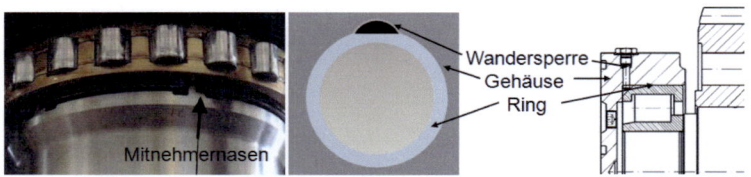

Bild 1-13: Formschlüssige Wandersperren für Innenring (links) und Außenring (mitte, rechts) [39]

Neben diesen praxisbezogenen Ansätzen existieren zudem forschungsseitige Untersuchungen zu Abhilfemaßnahmen gegen Wandern. Beispielsweise wird in [40] Tribokorrosion an dynamisch belasteten Wälzlagerringen untersucht. Das Wandern der Lagerringe führte zum Verschleiß des Lagersitzes und schließlich zum Lagerausfall. Anschließend wurden die Lagersitze kunststoffbeschichtet. Die verwendete Polymerschicht erlaubt eine Einbettung des unter Last stehenden Lagerringes und führt somit zu einer Erhöhung der Kontaktfläche bei spielbehaftetem Lagersitz. Die resultierende gleichmäßigere Spannungsverteilung im Lagersitz führte zu einer Reduzierung der

1 Einleitung

Wanderneigung. Zudem nimmt die elastische Kunststoffschicht die im Wanderprozess wirkenden Umfangskräfte auf und wandelt diese in elastische Verformungsenergie (Hysterese) um. Damit konnte - unter den gegebenen Versuchsbedingungen - Reibverschleiß im Lagersitz unterbunden werden. Hierbei wurden aber weder die Festigkeit (Kriechen bzw. Fließen, Reibdauer- und Werkstoffermüdung) noch der Verschleiß der Schicht untersucht. Zudem kann hinsichtlich einer belastungsbasierten Dimensionierung der Beschichtung keine Aussage getroffen werden.

Seitens der Wälzlagerindustrie [41] sind zur Vermeidung von Wanderschäden Produkte entwickelt worden, welche über Außenringe mit in Radialnuten geführten O-Ringen verfügen (**Bild 1-14**). Eine Verifizierung der grundsätzlichen Wirksamkeit dieser Maßnahme - auch in Abhängigkeit der Einsatzbedingungen - steht bislang aus.

Bild 1-14: Lagersonderbauform mit in Nuten eingesetzten O-Ringen zur Reduzierung von Passungsrost am Außenring [41]

1.3.6 Wandergrenze

Die Erkenntnisse/Untersuchungen aus [15] zeigen, dass die Parameter
- Bezogenes Übermaß bzw. Spiel
- Steifigkeit der Bauteile
- Last und Lastart (Umfangs- und Punktlast, Planetenradbelastung)

einen großen Einfluss auf das Wälzlagerwandern ausüben.

Für eine integrale Herangehensweise zur diesbezüglichen Charakterisierung des Beanspruchungszustandes eines Lagerringes wurden die Quotienten

- σ_B / p_F aus der Biegenennspannung der Welle σ_B in der mittleren Lagerebene und dem Fugendruck des Presssitzes p_F zur Quantifizierung der Biegung im Falle eines Innenringes *sowie*
- p_r / p_F aus flächenbezogener radialer Belastung p_r und dem Fugendruck p_F zur Beschreibung der radialen Belastung

eingeführt.

Die Berechnung des Fugendrucks erfolgt analog zur Auslegung von Zylinderpressverbindungen [42]. Der Index „I" kennzeichnet hierbei die Angaben zur Welle (beim Innenring-Sitz) oder zum Außenring (beim Außenring-Sitz). Der Index „i" beschreibt demnach den Innenring (beim Innenring-Sitz) bzw. das Gehäuse (beim Außenring-Sitz).

$$p_F = \xi \cdot \frac{1}{\frac{1}{E_{We}}\left(\frac{1+Q_I^2}{1-Q_I^2} - \nu_{We}\right) + \frac{1}{E_{IR}}\left(\frac{1+Q_i^2}{1-Q_i^2} + \nu_{IR}\right)} \quad (1.15)$$

Auf Grundlage der resultierenden Kennwerte σ_B / p_F bzw. p_r / p_F kann anhand des in **Bild 1-15** dargestellten empirischen Schaubildes die Tendenz zu Passungsrostbildung und Wandern umfangslastiger Lagerinnenring-Sitze beurteilt werden.

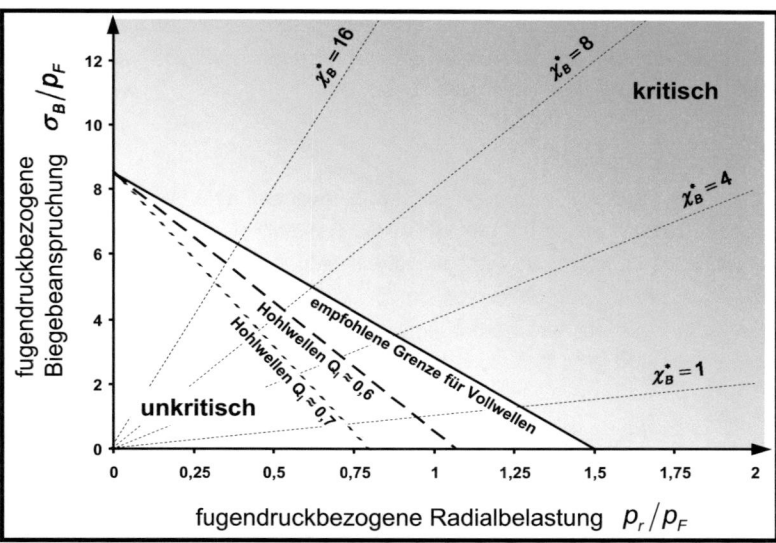

Bild 1-15: Abgrenzung kritischer Belastungskennwerte hinsichtlich Wandern und Passungsrost am Innenring [15]

Aus den Untersuchungen wurde ein Grenzbereich für biegebelastete Lagerringe von σ_B / p_F = 7..10 definiert. Dieser ist von der Wellengeometrie (Hohl- oder Vollwelle) unabhängig. Der für reine Radialbelastung festgelegte Grenzbereich ist hingegen deutlich von der Dickwandigkeit der Welle (Durchmesserverhältnis Q_I) abhängig. So weist das Verhältnis p_r / p_F bei Vollwellen einen Grenzbereich von 1..2 auf, während bei Hohlwellen in Abhängigkeit der Dickwandigkeit deutlich kleinere Werte anzusetzen sind. Unter Annahme eines linearen Zusammenhanges zwischen den genannten Grenzwerten lässt sich gemäß [15] die folgende Grenzbereichskennlinie für Vollwellen definieren.

1 Einleitung

$$\frac{\sigma_B}{p_F} = 8{,}5 \cdot \left(1 - \frac{1}{1{,}5} \cdot \left(\frac{p_r}{p_F}\right)\right) \tag{1.16}$$

Diese u.a. in Bild 1-15 integrierte Kennlinie trennt unkritische Betriebszustände, welche vom Koordinatenursprung des Diagramms ausgehen, von kritischen im schattierten Bereich.

Begleitend zu den experimentellen Untersuchungen wurden sowohl analytische als auch numerische Berechnungsansätze aufgestellt und mit experimentellen Ergebnissen abgeglichen. Dabei konnten die Potentiale der untersuchten Berechnungsmodelle hinsichtlich der Vorhersage von Ringwandern aufgezeigt werden. Allerdings muss die Gültigkeit der Modelle hinsichtlich ihrer Anwendungsgrenzen weiter untersucht und optimiert werden, was nachfolgend geschieht.

1.3.7 Schlussfolgerung

Der Stand der Technik / Forschung beschreibt zwei aus dem Wälzlagerwandern resultierende Problemstellungen. Der kritischste Fall stellt zweifelsfrei der Wellenbruch im Lagersitzbereich infolge von Passungsrostbildung und der einhergehenden Erhöhung der Kerbwirkung dar (**Bild 1-16**, links). Das zweite Schadensphänomen ist der Verschleiß im Lagersitz, welcher häufig zum Ausfall des Lagers oder angrenzender Maschinenteile führt (Bild 1-16, rechts).

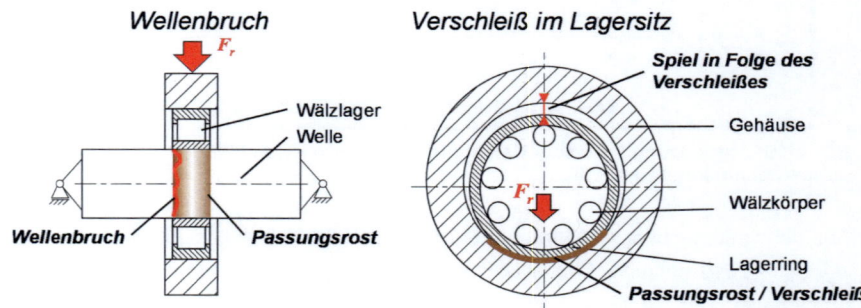

Bild 1-16: Mögliche Folgen des Wälzlagerwanderns

Zur Vermeidung dieser Folgen zeigt **Bild 1-17** die aus der Literatur vorliegenden Erkenntnisse sowie die bislang ungelösten Problemstellungen. Hierzu zählt primär die Erarbeitung einer geeigneten Simulationsmethodik zur Erforschung der Wandervorgänge. Weiterhin fehlt bislang eine Untersuchung zum Einfluss diverser Parameter auf das Wanderverhalten sowie eine Begründung für deren Wirkweise. Ebenso besteht die Notwendigkeit, allgemeingültige verifizierte Berechnungsvorschriften herzuleiten, welche die Vorhersage von Wanderbewegungen ermöglichen. Abschließend fehlen Abhilfemaßnahmen, welche ein Wandern der Lagerringe sicher verhindern können.

Bild 1-17: In der Literatur ausgewiesene Themengebiete (blau) sowie bislang unbearbeitete Bereiche (grün) hinsichtlich der Vermeidung des Wälzlagerwanderns

1.4 Zielsetzung / Lösungsweg

Ziel dieser Arbeit ist die Erarbeitung einer neuen Herangehens- und Betrachtungsweise zur Gestaltung und Auslegung von Lagersitzen in praxisnaher Form. Letztlich sollen dem Konstrukteur anwendungsbereite Gestaltungsmöglichkeiten und Werkzeuge zur Verfügung stehen, die eine zielgerichtete Bewertung und Ausführung von Lagerring-Sitzen im Hinblick auf Schlupf- und Wandereffekte ermöglichen und auf diese Weise teure Folgeschäden verhindern helfen. Zur Erreichung dieses Zieles ist es notwendig die Grenzen zum „schädlichen" Wandern von Wälzlagerringen relativ zum Lagersitz zu identifizieren bzw. zu definieren, den Wandermechanismus in der Fuge zu analysieren und mögliche (konstruktive) Abhilfemaßnahmen abzuleiten. Weiterhin müssen einfache - nach Möglichkeit analytische - Berechnungsmodelle zur Ermittlung wanderrelevanter Größen definiert und verifiziert werden. Dem Simulationsexperten soll zusätzlich eine Simulationsmethodik zur Berechnung komplexer Sonderfälle zur Verfügung gestellt werden. **Bild 1-18** visualisiert alle Arbeitsschritte zur Erreichung der formulierten Zielstellung, welche im Folgenden beschrieben werden.

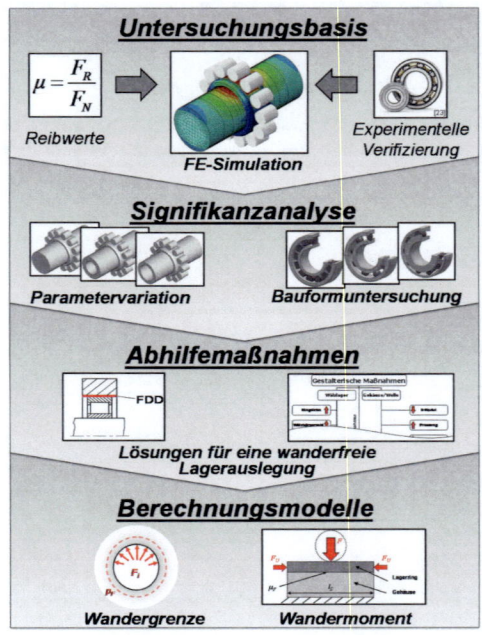

Bild 1-18: Arbeitsschritte zum Erreichen des Forschungsziels

1 Einleitung

Untersuchungsbasis

Mittels 3D-Finite-Elemente-Simulationen, welche mit experimentellen Ergebnissen und Reibwerten aus der verfügbaren Literatur ([15], [16], [20] und [34]) verifiziert werden, soll das Wandern von Wälzlagern untersucht werden.

Signifikanzanalyse

Parametervariation

Zur Beurteilung der unterschiedlichen Wandertendenzen bei Variation aller relevanten Lager-Parameter müssen diverse Simulationen durchgeführt werden. Anhand der Ergebnisse sollen allgemeingültige Empfehlungen zur Optimierung der Lagersitze hinsichtlich der Vermeidung der Wanderbewegungen gegeben werden.

Bauform- und Baugrößenuntersuchungen

Die Beurteilung der unterschiedlichen Lagerbauformen und -baugrößen hinsichtlich ihrer Wanderneigung ist für die Auslegung einer Lagerung ein wichtiger Aspekt. Daher sollen in diesem Abschnitt alle gängigen Radiallager bezüglich ihrer Wandergrenze untersucht und anschließend miteinander verglichen werden.

Abhilfemaßnahmen

Falls eine wanderfreie Auslegung eines Lagers z.B. belastungsbedingt nicht möglich ist, sind zusätzliche Maßnahmen zur Reduzierung bzw. Vermeidung von Wanderbewegungen unumgänglich. Hierzu sollen verschiedene Lösungen ermittelt und hinsichtlich ihrer Wirksamkeit untersucht werden.

Berechnungsmodelle

Ein wichtiger Aspekt dieser Arbeit ist die Berechnung der Wandergrenze und des Wandermomentes für Radiallager mit einfachen Mitteln zu ermöglichen. Hierzu sind zunächst Wandergrenzen und –momente zu ermitteln, welche für eine mögliche Berechnungsvorschrift als Referenz dienen können. Anschließend müssen verschiedene Berechnungsmodelle bzw. -vorschriften erarbeitet und auf ihre Gültigkeit bezüglich der ermittelten Grenzwerte hin untersucht und verifiziert werden.

2 Simulationsmethodik zur Untersuchung des Wanderns

2.1 Allgemeines

Zur Erreichung der formulierten Zielstellung war die Erstellung unterschiedlicher FE-Modelle notwendig. Um das Problem des Ringwanderns besser verstehen und beheben zu können, wurden - neben verschiedenen statischen 2D-Scheibenmodellen - vordergründig komplexe, rechenaufwändige 3D-Kinematik-Modelle zur Darstellung der realen Wandervorgänge erstellt. Der zur Verfügung stehende Chemnitzer Hochleistungs-Linux-Cluster „CHIC" der TU Chemnitz - mit welchem Berechnungen mit bis zu 128 parallelisierten Prozessorkernen und 256 GB Arbeitsspeicher durchgeführt werden können - bietet die dafür erforderlichen Rechenkapazitäten. Mit Hilfe dieser Voraussetzungen sind erstmals umfassende Untersuchungen zu den Vorgängen des Wanderns in der Kontaktfuge unter mannigfaltigen Randbedingungen am rotierenden Lager möglich geworden.

Primäres Ziel der Simulationen war die Analyse der wanderrelevanten Schlupfeffekte im Lagersitz sowie die daraus resultierenden Wandermomente und -drehzahlen.

Hauptuntersuchungsgegenstand war ein Zylinderrollenlager NU205. Bezug nehmend auf die zum Vergleich herangezogenen experimentellen Untersuchungen wurde primär ein zylindrisches Gehäuse verwendet. Für die durchgeführte Signifikanz-Studie wurden die folgenden Parameter betrachtet und variiert (**Bild 2-1**).

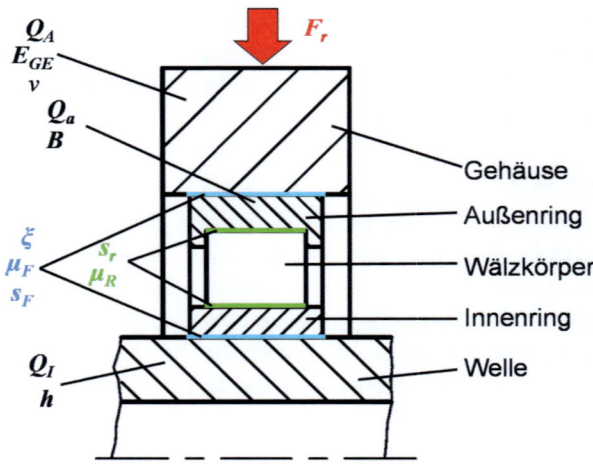

Bild 2-1: Variierte Parameter bei der Umlaufsimulation

2 Simulationsmethodik zur Untersuchung des Wanderns

- Umfangslast / Punktlast
- Pressung im Lagersitz (Übermaß ξ)
- Radiale Belastung (F_r bzw. p_r)
- Werkstoff (E-Modul E und Querkontraktionszahl v)
- Fugenreibwert (μ_F)
- Rollreibwert (μ_R) siehe auch Kap. 1.2
- Lagerluft (s_R)
- Fugenspiel im Lagersitz (s_F bzw. ξ^*)
- Gehäusewandstärkenverhältnis (Q_A)
- Lagerringbreite (B)
- Lagerringwandstärkenverhältnis Außenring (Q_a)
- Wellenwandstärkenverhältnis (Q_I)
- Hebelarm (h)

Neben den 3D-Kinematiksimulationen wurden 2D-Modelle erstellt, um die auftretenden Effekte auf vereinfachte Geometrien zu abstrahieren und somit die Ableitung von Berechnungsvorschriften zur Ermittlung der Wandergrenze, welche ebenfalls auf 2D-Theorien basieren sollen, zu ermöglichen.
Die Simulationen wurden überwiegend an Außenringen unter Punktlast durchgeführt. Die auftretenden Phänomene bzw. Tendenzen gelten ebenso für den Innenring mit (praktisch) **_biegemomentfreier_** Welle im Lagersitzbereich (fortan als biegefreier Innenring bezeichnet). Dies gilt grundsätzlich auch für die Unterscheidung zwischen Punktlast und Umfangslast, d.h. dass umfangslastige Lagerringe die gleichen Tendenzen bei der Wanderneigung aufweisen wie punktlastige. Lediglich die Stärke der Wanderneigung offenbart Unterschiede.
Zur Analyse von Innenringen mit **_biegemomentbelasteter_** Welle im Lagersitzbereich (fortan als biegebelasteter Innenring bezeichnet) wurden nur ergänzende Simulationen durchgeführt.

Die FE-Analysen wurden mit dem Simulationsprogramm ABAQUS in der Version 6.10-3 durchgeführt. Hierbei kam der implizite FE-Solver ABAQUS/Standard zum Einsatz. Traditionelle Stärken von ABAQUS sind u. a. Analysen nichtlinearer Strukturen, einhergehend mit komplexen Kontaktbedingungen, wodurch die Software insbesondere bei den hier durchgeführten Mehrkörpersimulationen ein leistungsfähiges Werkzeug darstellt. Die Modellerstellung sowie das Postprozessing erfolgten weitestgehend im programminternen Pre-/Postprozessor ABAQUS/CAE.

2 Simulationsmethodik zur Untersuchung des Wanderns

2.2 3D-Kinematik-Simulation

Im Folgenden soll die programmtechnische Umsetzung der Kinematiksimulation in Form eines ausführlichen Modellaufbaus beschrieben werden. **Bild 2-2** zeigt diesen anhand eines 3D-Schnittmodells des Lagers NU205 mit ca. 120000 Elementen.

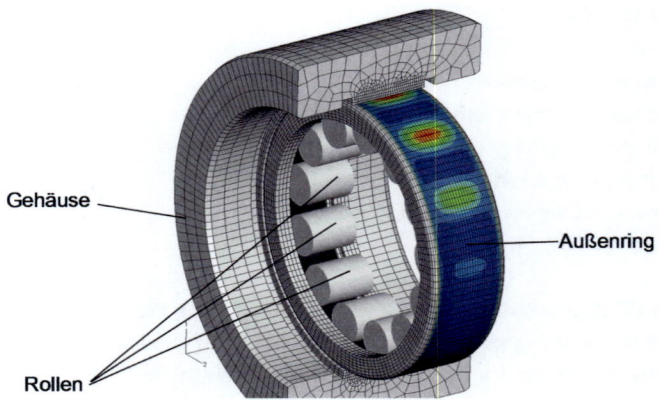

Bild 2-2: Schnittmodell des FE-Modells

Es wird auf Erläuterungen der jeweiligen Funktionen weitestgehend verzichtet und in diesem Zusammenhang auf die entsprechende ABAQUS-Dokumentation [43] verwiesen.

Das Hauptaugenmerk der Simulationsrechnungen lag auf dem Wandermoment des Lagerringes zwecks Ermittlung der Wandergrenze sowie der Wanderneigung. Hinsichtlich Berechnung und Auswertung seien im Weiteren wichtige Aspekte erläutert.

2.2.1 Grundaufbau

Zur Vereinfachung der Modellstruktur (ohne nennenswerte Genauigkeitseinbußen) werden nur der jeweilige Lagerring mit Gehäuse bzw. Welle sowie die Wälzkörper simuliert. Gehäuse / Welle und Lagerring werden als unabhängige elastische Volumenkörper und die Wälzkörper als Starrkörper modelliert. Nach der Anordnung der einzelnen Bauteile im Gesamtmodell werden die jeweiligen Referenzpunkte aller Wälzkörper anhand eines Schubgelenkes (*Connector Type "Translator"*) mit einem zentrischen Referenzpunkt (Centerpoint) gekoppelt (**Bild 2-3**). Somit besitzt jeder Wälzkörper nur noch einen Freiheitsgrad in radialer Richtung. Dieser Freiheitsgrad wird nun in Form von Kraftrandbedingungen (bzw. Wälzkörperlasten) eliminiert. Durch Rotation des Centerpoints bewegen sich die Wälzkörper in Umfangsrichtung und gleiten reibungslos über die Kontaktfläche des Außenringes. Ein Abrollen der

Wälzkörper ist unter Verwendung anderer Gelenkformen ebenso möglich, bietet aber bei größerem Rechenaufwand und schlechterer Konvergenz keine erkennbaren Genauigkeitsvorteile der Simulation hinsichtlich der Ermittlung der Wandereffekte.

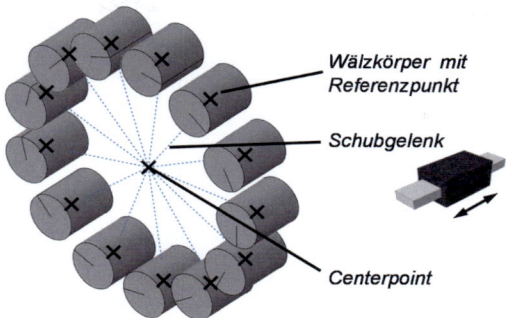

Bild 2-3: Schubgelenk (*Connector Type "Translator"*) zwischen dem mittigen Referenzknoten (Centerpoint) und den Wälzkörpern (Starrkörper)

2.2.2 Modellvarianten

Primär wurden in dieser Arbeit Lager der Baureihe 05 (d_i = 25 mm) simuliert. In **Bild 2-4** werden alle untersuchten Lagertypen der Baureihe 05 im Schnitt gezeigt.

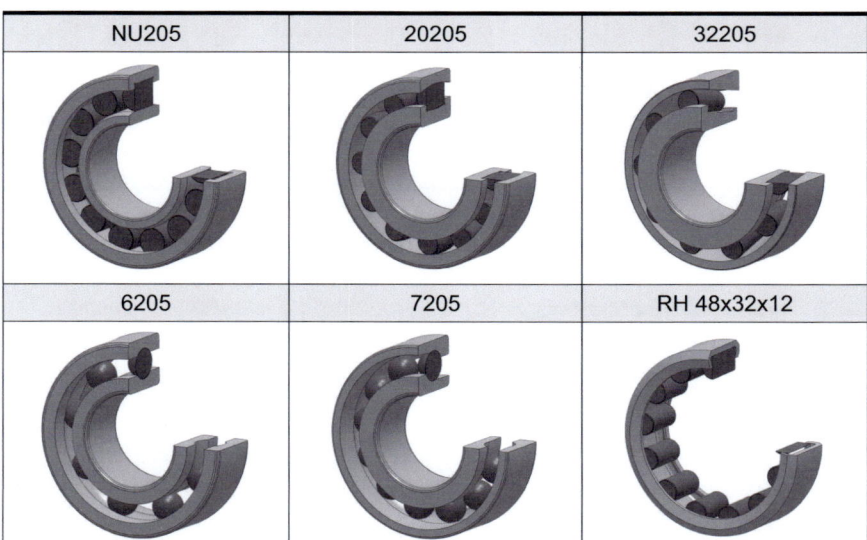

Bild 2-4: Simulierte Lagervarianten im Teilschnitt

2 Simulationsmethodik zur Untersuchung des Wanderns

Wichtige Kennwerte für alle untersuchten Lager der Baureihe 05 sind in **Tabelle 2-1** aufgeführt.

Tabelle 2-1: Parameter der untersuchten Wälzlager der Baureihe 05 (nach [44])

Bezeichnung		Einheit	NU205	6205	30205	RH 48x32x12	20205	7205
Innendurchmesser	d_i	[mm]	25	25	25	32	25	25
Außendurchmesser	D_a	[mm]	52	52	52	48	52	52
Lagerbreite (AR)	B_{AR}	[mm]	15	15	13	12	15	15
Lagerbreite (IR)	B_{IR}	[mm]			15	-		
Wirksame Breite (AR) (Kontaktbreite)	B_{AR}^*	[mm]	13	13	11,7	11	13	13,4
Wirksame Breite (IR) (Kontaktbreite)	B_{IR}^*	[mm]			13,8	-		13
Durchmesserverhältnis (Innenring)	Q_i	-	0,79	0,65	0,78	-	0,77	0,82
Durchmesserverhältnis (Außenring)	Q_a	-	0,89	0.89	0,84	0,94	0,89	0,89
Walzkörperzahl	Z	-	13	9	10	13	12	13
Walzkörperabmessung	$d_{WK} \times b_{WK}$	[mm]	Ø7,5 x 9	Ø7,9	Ø6,5 x 11	Ø6 x 9	Ø7 x 9	Ø7,9
Statische Tragzahl	C_{0r}	[kN]	27,5	7,8	34,5	25	25,0	9,3
Dynamische Tragzahl	C_r	[kN]	34,5	14,0	32,0	28,2	24,0	14,6
Ermüdungsgrenzbelastung	P_U	[kN]	3,3	0,5	3,45	-	2,2	0,6
Luftgruppe	(C3)	[µm]	35-60	13-28	-	-	17-28	-

Um den Größeneinfluss auf das Wanderverhalten untersuchen zu können, wurden stichprobenartig Simulationen an den Innen- und Außenringen der gegenüber dem NU205 größeren Zylinderrollenlager NU216, NU220 sowie NJ29/530 durchgeführt. Für die durchgeführten Simulationen am Außenring wurden drei Gehäusevarianten nach FVA 479 I [15] (**Bild 2-5**) zur Abbildung unterschiedlicher Gehäusesteifigkeiten unter Verwendung des Lagers NU205 untersucht.

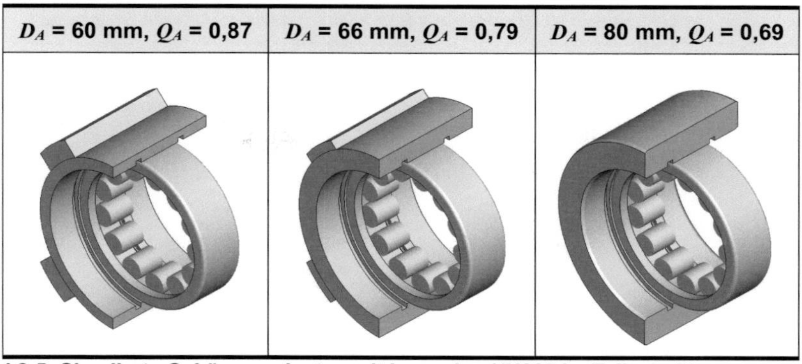

D_A = 60 mm, Q_A = 0,87	D_A = 66 mm, Q_A = 0,79	D_A = 80 mm, Q_A = 0,69

Bild 2-5: Simulierte Gehäusevarianten mit Lagerring NU205 im Teilschnitt

Für Simulationen am Innenring wurden drei Wellentypen (**Bild 2-6**) mit den Durchmesserverhältnissen Q_I = 0; 0,6; 0,72 generiert. Die Länge der Welle beträgt generell $2 \cdot d_i + B$. Die Variation des Hebelarmes erfolgt über die sog. Stützweite (siehe Kap. 2.2.5).

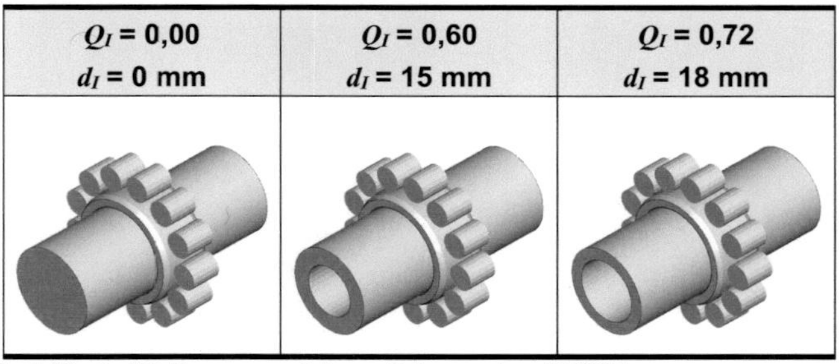

Q_I = 0,00	Q_I = 0,60	Q_I = 0,72
d_I = 0 mm	d_I = 15 mm	d_I = 18 mm

Bild 2-6: Modellierte Wellengeometrien mit Lagerring NU205

2.2.3 Piktogramme

Um eine übersichtliche und verständliche Auswertung der Untersuchungsergebnisse zu gewährleisten, sind unterschiedliche Piktogramme erstellt worden. Somit kann zwischen den Lager- und Lasttypen unkompliziert unterschieden werden.

In **Tabelle 2-2** werden die verwendeten Piktogramme für die Baureihe 05 aufgeführt. Es wird dabei neben der Ringart zwischen 2D-Statik- (einmalige Lastaufbringung, keine Käfigrotation) sowie 3D-Kinematik-Simulationen (Käfigrotation, dynamische Lasten) unterschieden. Die Piktogramme der größeren Zylinderrollenlager NU216, NU220 sowie NJ29/530 entsprechen weitestgehend dem NU205 und werden nicht dargestellt.

2 Simulationsmethodik zur Untersuchung des Wanderns

Tabelle 2-2: Verwendete Piktogramme zur Darstellung der simulativen Ergebnisse

Lagertyp	Innenring		Außenring
	Kinematisch (3D)		Statisch (2D)
	Umfangslast	Punktlast	
NU205			
6205			
7205			—
20205			—
30205			—
RH 48x32x12	—		—

2.2.4 Werkstoffkennwerte

In allen Untersuchungen wurde primär die Werkstoffpaarung Stahl/Stahl, teilweise auch Stahl/Stahlguss und Stahl/Aluminium betrachtet. Dabei wurde rein elastisches Materialverhalten angenommen (**Tabelle 2-3**). Die Wälzkörper wurden jeweils als Starrkörper modelliert.

Tabelle 2-3: Werkstoffeigenschaften

Außenring / Innenring Welle	Stahl, rein elastisches Materialverhalten - $E = 210'000 \text{ N/mm}^2$, $v = 0{,}30$
Gehäuse	Stahl, rein elastisches Materialverhalten - $E = 210'000 \text{ N/mm}^2$, $v = 0{,}30$ Stahlguss, rein elastisches Materialverhalten - $E = 140'000 \text{ N/mm}^2$, $v = 0{,}26$ Aluminium, rein elastisches Materialverhalten - $E = 70'000 \text{ N/mm}^2$, $v = 0{,}33$
Wälzkörper	starr; keinerlei Trägheiten am Referenzknoten

2.2.5 Randbedingungen

Gehäuse / Außenring

Bei den Randbedingungen des Systems Gehäuse/Außenring wird zwischen einem massiven Gehäuse und den gerippten Gehäusevarianten unterschieden. Beim massiven Gehäuse wird die gesamte Außendurchmesser-Fläche eingespannt, wodurch alle Freiheitsgrade der äußeren Gehäuse-Knoten eliminiert werden. Die gerippten Gehäusevarianten werden an den Außenflächen der Rippen eingespannt. Die Rippen werden dabei so positioniert, dass diese sich außerhalb der Lastzone befinden. Die Fixierung der Rollen erfolgt über die Randbedingungen des „Käfigs" sowie über eine leichte radiale Vorbelastung (ca. 10 N) der einzelnen Wälzkörper. Der Außenring wird bis zum Einsetzen der Käfigrotation an wenigen Elementknoten axial und tangential fixiert. In **Tabelle 2-4** sind die relevanten Randbedingungen zusammengestellt. **Bild 2-7** zeigt die unterschiedlichen Wirkflächen für die Gehäusevarianten.

Tabelle 2-4: Gewählte Randbedingungen beim System Außenring/Gehäuse

Gehäuse	Vollständige Einspannung am äußeren Umfang
Außenring	Punktförmige axiale und tangentiale Einspannung (temporär)
Centerpoint	Vollständige Einspannung (kein Freiheitsgrad)
Translator	Radiale Wälzkörperkräfte

2 Simulationsmethodik zur Untersuchung des Wanderns

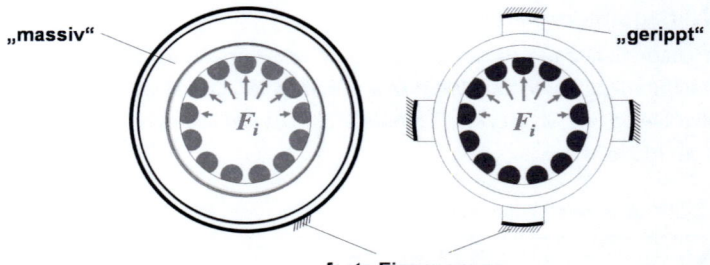

Bild 2-7: Modellkonfigurationen beim System Außenring/Gehäuse (links: massives Gehäuse; rechts: geripptes Gehäuse mit Rippe in der Lastzone) (nach [16])

Welle / Innenring

Die äußeren Randbedingungen beim System Innenring/Welle unterscheiden sich gegenüber der Gehäusevariante primär hinsichtlich der Einspannung der Lageranschlussgeometrie bzw. der Welle. Diese erfolgt über Verschiebungs-Randbedingungen an zwei Stützlager-Knoten. Diese diskreten Lagerknoten P_1 und P_2 (*reference points*) sind mittels einer Kopplung (*kinematic coupling*) mit den Stirnseiten der Welle verbunden (**Bild 2-8**).

Dabei werden nur die tangentialen und axialen Verschiebungen (U2, U3 im zylindrischen Koordinatensystem) gekoppelt. Die Stützwirkung auf den Lagersitz in radialer Richtung wird dadurch eliminiert.

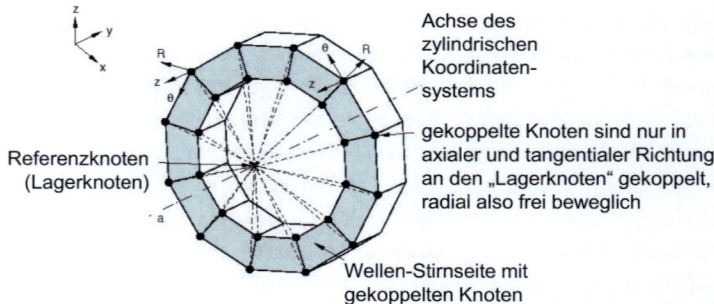

Bild 2-8: Kopplung des Lagerknotens an die stirnseitigen Wellenknoten mittels „*kinematic coupling*"-Zwangsbedingungen in zylindrischen Koordinaten (nach [43])

Die Biegung im Lagersitz kann durch Variation der Stützweite a stufenlos eingestellt werden. Die Wellengeometrie bzw. die Vernetzung muss hierzu nicht geändert werden. Zur Abbildung einer biegefreien Lagerung können die Lagerknoten P_1 und P_2 in die Mittelebene des Lagers verschoben werden ($a \leq$ Lagerbreite B). Die genannten Konfigurationen sind in **Bild 2-9** dargestellt.

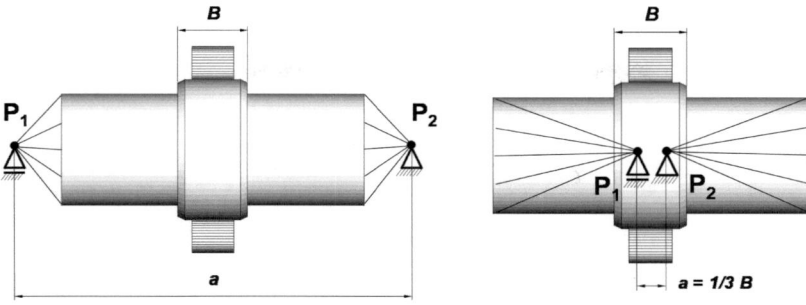

symmetrische „Stützlageranordnung"

fiktive symmetrische Stützlageranordnung „Stützweite Null" mit vernachlässigbarem Biegeanteil

Bild 2-9: Modellkonfigurationen beim System Welle/Innenring (nach [15])

Der Innenring wird bis zum Einsetzen der Käfigrotation an wenigen Elementknoten axial und tangential fixiert. Die Wälzkörper werden wie beim System Gehäuse / Außenring durch die Arretierung des Käfigs (vgl. Abschnitt 2.2.1) und durch Aufbringen einer leichten radialen Vorlast (ca. 10 N) auf jeden Wälzkörper geführt.
In **Tabelle 2-5** sind alle relevanten Randbedingungen zusammengestellt.

Tabelle 2-5: Gewählte Randbedingungen beim System Welle/Innenring

Welle	Radiale, tangentiale sowie einseitig axiale Einspannung der Stirnflächen
Innenring	Punktförmige axiale und tangentiale Einspannung (temporär)
Centerpoint	Vollständige Einspannung (kein Freiheitsgrad)
Translator	Radiale Wälzkörperkräfte

Wälzkörper

Da bei Punkt- und Umfangslast des Lagerringes jeder Wälzkörper die Lastamplitude durchläuft, können die Wälzkörperlasten, welche nach Möglichkeit mittels DIN ISO 281 [45] berechnet wurden, nicht statisch vorgegeben werden. Zur Lösung dieses Problems werden die statischen Lasten normiert und als Lastverlauf über die Zeit bzw. den Käfigumdrehungen angetragen. Dieser Lastverlauf kann nun in die ABAQUSspezifische *"Amplitude"* vom Typ „*Tabular*" eingefügt und als Lastverlauf definiert werden. Somit besitzt jeder Wälzkörper seine eigene *Tabular-Amplitude* und erfährt bei Punktlast jeweils exakt am gleichen Punkt des Umfanges sein Lastmaximum (**Bild 2-10**).

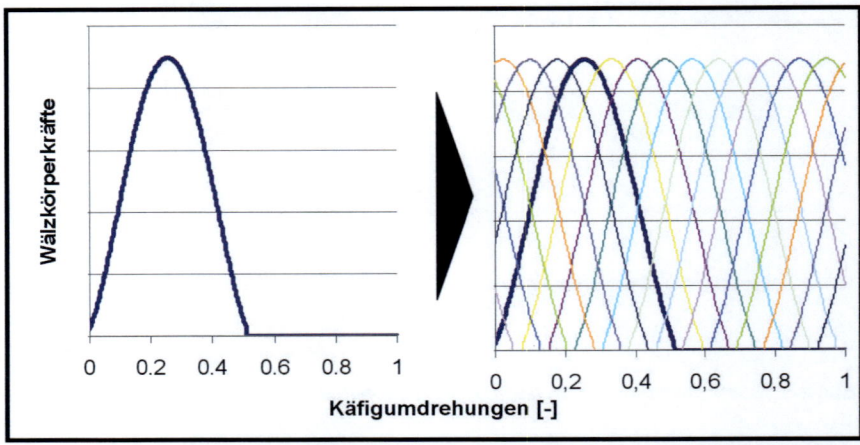

Bild 2-10: Wälzkörperlastverläufe für einen Wälzkörper (links) und für alle Wälzkörper (rechts) zur Lastvariation im Amplituden-Modus

2.2.6 Kontakt

Grundeinstellungen

Den gewählten Kontaktbedingungen in Normal- (Fugendruck) sowie tangentialer Richtung (Reibung) kommt zur Erzielung quantitativ relevanter Ergebnisse eine übergeordnete Bedeutung zu. Zur Implementierung der Kontaktkräfte resp. -spannungen in das FE-Gleichungssystem ist in ABAQUS u.a. die Methode der LAGRANGE'schen Multiplikatoren integriert, welche eine exakte Kontaktabbildung (Eindringung Null, „*hard contact*") ermöglicht. Alle Kontakte in den hier vorgestellten Simulationen wurden hiermit modelliert.

Als Haftbedingung im Reibkontakt wurde die *Penalty*-Methode angewendet, welche kleine reversible (d.h. elastische und verlustfreie) Verschiebung der Kontaktknoten ermöglicht. Diese elastische Verschiebung („*elastic slip*") wurde in den durchgeführten Simulationen auf 0,1 µm beschränkt. In **Tabelle 2-6** sind die relevanten Einstellungen aufgeführt.

Tabelle 2-6: Eigenschaften der Kontaktpaarungen

Außenring/Gehäuse **Innenring/Welle** (master/slave)	ca. 13´520 Kontaktknoten auf dem *slave surface* (26 × 520) - *"small sliding"* mit *"surface-to-surface"*-Algorithmus - *Penalty* contact - *"hard contact"* - *elasic slip=0,1 µm* - Anfangskontaktjustierung mit *adjust* = 0,1 - Reibungsaktivierung im zweiten Lastschritt - Reibungsalgorithmus: *Penalty*
Rolle/Lagerring (master/slave) (13 Paare)	*soft-to-rigid*-Kontakt (starre Rollen, elastischer Lagerring) - *"finite sliding"* mit *"node-to-surface"*-Algorithmus - *Penalty* contact - *"hard contact"* - Reibungsalgorithmus: *frictionless* - *smooth* = 0,5

Reibwerte

Der für alle Simulationen - sofern nicht anders angegeben - angenommene Fugenreibwert im Lagersitz beträgt μ_F = 0,3. Dieser Wert entspricht dem Fugenzustand eines ölgeschmierten Stahl-Stahl-Reibkontaktes (100Cr6 E vs. 42CrMo4 +QT) nach dem Einsetzen des sogenannten „Hochtrainierens" und wurde in [46] an Lagerringen experimentell ermittelt.

Um die tendenzielle Reibwertentwicklung zusätzlicher Materialen in Verbindung mit einem Lagerring aus gehärteten 100Cr6 experimentell zu ermitteln, wurden zusätzlich Reibwertversuche an Stirnpressverbindungen unter Laborbedingungen durchgeführt (siehe Anhang 1). Es wurde jeweils ein Probekörper aus 100Cr6 (Wälzlagerstahl, gehärtet auf 63 HRC) mit einem Probekörper aus C45 (Vergütungsstahl), GJS400 (Gusseisen) oder EN AW 6082 (Aluminium) gepaart. **Bild 2-11** zeigt die Ergebnisse der Reibwertversuche. Es ist ersichtlich, dass eine Stahl-Guss-Paarung durchweg geringere Reibwerte aufweist als eine Stahl-Stahl-Paarung. Die Aluminium-Stahl-Paarung weist zu Beginn des Versuchs den höchsten Reibwert auf, welcher sich allerdings nicht im gleichen Maße steigert wie bei den übrigen Reib-Paarungen. Diese Erkenntnisse müssen bei der Simulation unterschiedlicher Lageranschlusswerkstoffe berücksichtigt werden.

2 Simulationsmethodik zur Untersuchung des Wanderns

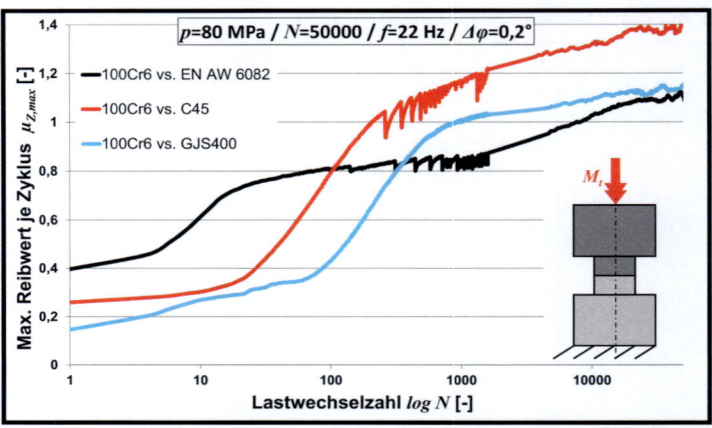

Bild 2-11: Max. Reibwert über der Lastwechselzahl für 3 verschiedene Reibpaarungen

Spezielle Kontaktoptionen

Master-Slave-Zuordnung

Bei der Modellerstellung (pre-processing) müssen die potentiell miteinander in Kontakt tretenden Oberflächenbereiche als Kontaktpaare (*contact pairs*) definiert werden. Bei den hier vorgestellten Simulationsrechnungen kommt der „asymmetrische" Kontaktdetektierungs-Algorithmus zum Einsatz, welcher standardmäßig in ABAQUS verwendet wird. Als Konvergenzkriterium wird hierbei geprüft, dass die Knoten einer Fläche des Kontaktpaares (bezeichnet als *slave surface*) die Gegenfläche (*master surface*) nicht durchdringen. Die Knoten des *master surface* dürfen (zumindest theoretisch) das *slave surface* durchdringen (**Bild 2-12**).

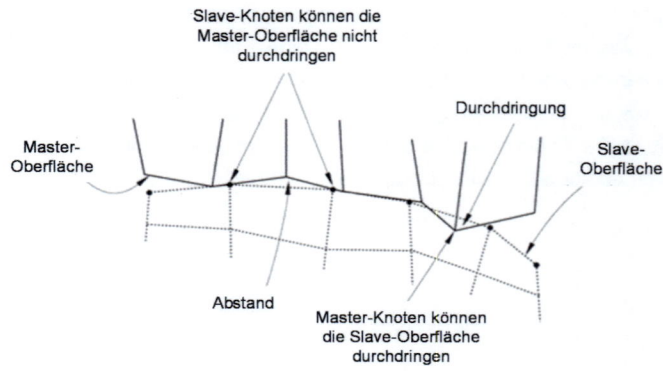

Bild 2-12: Kontaktdetektion nach dem Master-Slave-Prinzip [43]

Diese Herangehensweise bietet hinsichtlich der Effizienz des Algorithmus und der numerische Stabilität deutliche Vorteile gegenüber der genaueren symmetrischen Kontaktdetektierung.

Zudem kann der resultierende Fehler aus dem asymmetrischen Master-Slave-Prinzip durch eine gezielte Festlegung „slave surface" / „master surface" (vgl. [43]) und identische Netzgestaltung beider Kontaktflächen („Knoten auf Knoten" bzw. *matching meshes*) minimiert werden.

Bei den hier vorgestellten Simulationen wurden Kontaktpaare mit einem beteiligten Starrkörper diesem immer das *master surface* zugewiesen. Bei den Systemen Innenring/Welle bzw. Außenring/Gehäuse bildete hier stets der Lagerring das *slave surface*, wobei für beide Kontaktflächen identische Netze verwendet wurden („Knoten auf Knoten").

„small sliding"-Kontakt

Im Lagersitz wurde die Option „small sliding" verwendet, welche für Kontakte mit – bezogen auf die Elementkantenlänge - kleinen Relativbewegungen im Kontakt angedacht ist. Diese Option erhöht die Effizienz der Berechnung und führt in Verbindung mit der Unteroption „surface-to-surface contact" zu einer besonders genauen Nachbildung der kontaktierenden Flächen.

Übermaßmodellierung, „contact interference"

Eine möglichst exakte Abbildung des Übermaßes oder des Spiels im Lagersitz stellt für die hier gezeigten Simulationen eine essentielle Grundvoraussetzung dar. Hierbei bietet sich die Kontaktoption „contact interference" an, welche zum geometrisch modellierten Nennmaß eines Kontaktpaares präzise ein vorgegebenes Übermaß oder Spiel numerisch hinzufügt. Diese Vorgehensweise bietet u. a. den Vorteil Parameterstudien hinsichtlich der Passung einfach realisieren zu können, ohne eine Neuvernetzung der Bauteile durchführen zu müssen.

2.2.7 Vernetzung

Zur Vernetzung wurden durchweg 8-Knoten-Hex Elemente (C3D8R) mit linearem Verschiebungsansatz und reduzierter Integration (1 Gaußpunkt je Element) verwendet. Daraus resultieren ein geringerer Berechnungsaufwand sowie eine "weichere" Gesamtstruktur, welche für die betrachteten Anwendungsfälle gewünschte positive Nebeneffekte darstellen. Der Lagerring besteht dabei aus mindestens 88400, das Gehäuse aus mindestens 57200 und die Welle aus mindestens 63400 Elementen. Die Elementanzahl musste dabei speziell bei der Umsetzung der später vorgestellten Abhilfemaßnahmen teilweise stark erhöht werden. Bezüglich der Netzgestaltung des Lagerringes ist außerdem zu erwähnen, dass die Anzahl der Elemente über den Umfang - in Abhängigkeit von Partitionierung, Wälzkörperanzahl und Schrittgröße der Berechnung - gezielt gewählt werden muss, vgl. auch Kap. 2.2.8. Es ist zu gewährleisten, dass sich jeder Wälzkörper zu jeder Zeit exakt im Kontakt mit einem Elementknoten des Lagerringes befindet (**Bild 2-13**). Dies garantiert eine gute Konvergenz und physikalisch sinnvolle Ergebnisse ohne unnötige und die Genauigkeit beeinträchtigende Interpolationseffekte.

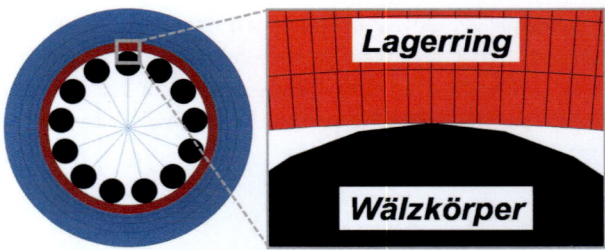

Bild 2-13: Positionierung von Wälzkörper (unvernetzter Starrkörper) (unten) und Außenringnetz (oben)

Zudem muss sichergestellt werden, dass die Netzdichte im Lagersitz so hoch ist, dass die zu untersuchenden Schlupfeffekte realistisch abgebildet werden können. Als charakteristische Kenngröße wird daher hier die tangentiale Elementlänge δ eingeführt. Sie beschreibt die Kantenlänge eines Kontaktelements in tangentialer Richtung (**Bild 2-14**).

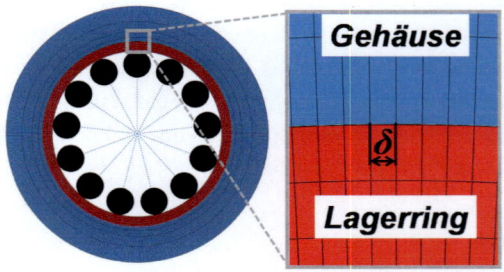

Bild 2-14: Elementlänge δ eines Kontaktelements in tangentialer Richtung

Den Einfluss dieser Größe auf den im Lagersitz infolge der Wanderbewegungen auftretenden maximalen Schlupf zeigt **Bild 2-15**. Es ist ersichtlich, dass sich bei einer Elementlänge $\delta \leq 650$ µm ein konstanter tangentialer Schlupf im Lagersitz einstellt und die Netzdichte in diesem Elementlängen-Bereich somit keinen Einfluss auf das ermittelte Ergebnis hat.

2 Simulationsmethodik zur Untersuchung des Wanderns

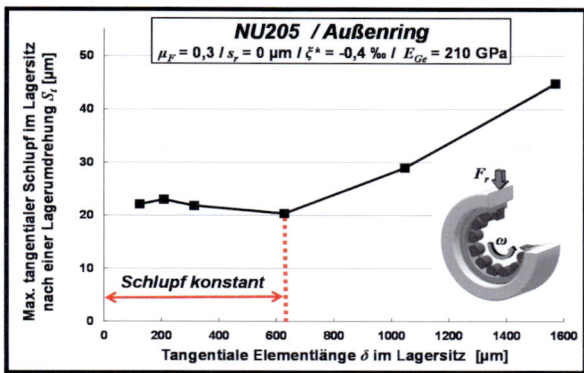

Bild 2-15: Max. tangentialer Schlupf S_t über der tangentialen Elementlänge δ im Lagersitz

Da der maximale Schlupf auf das Wandern keinen direkten Einfluss hat, bietet sich die Darstellung des Wandermomentes (vergl. Kap. 1.2.7) über der tangentialen Elementlänge an (**Bild 2-16**). Es zeigt sich, dass zur exakten Ermittlung des Wandermomentes eine Elementlänge $\delta \leq 350$ µm erforderlich ist.

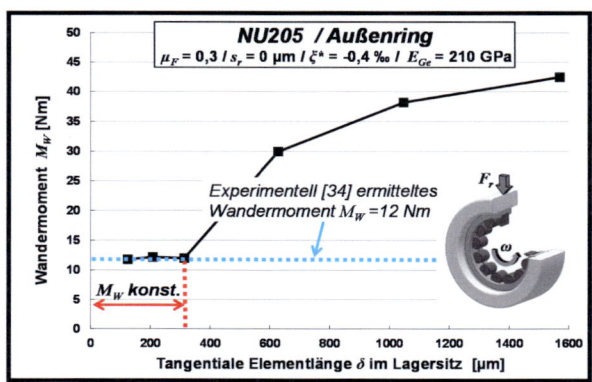

Bild 2-16: Wandermoment M_W über der tangentialen Elementlänge δ im Lagersitz

Grundsätzlich ist die erforderliche Elementkantenlänge von der Lagergröße abhängig. Daher ist der hier vorgestellte Wert $\delta \leq 350$ µm nicht verallgemeinerbar. D.h., dass größere Lagersitz-Durchmesser eine größere Elementkantenlänge zulassen, ohne dass die relative Genauigkeit bei der Wandermomentberechnung darunter leidet. Eine Anpassung der Elementkantenlänge ist zudem zwangsläufig notwendig, da eine Verallgemeinerung dieses Wertes zu einer nicht mehr berechenbaren Elementzahl bei großen Lagern führen würde.

2 Simulationsmethodik zur Untersuchung des Wanderns

In **Bild 2-17** wird beispielhaft das Wandermoment über der tangentialen Elementlänge für das im Vergleich zum NU205 deutlich größere Lager NU220 gezeigt. Die Elementkantenlänge für dieses Lager sollte mindestens δ = 700 µm bzw. 0,7 mm betragen, um die Berechnung fehlerhafter Wandermomentwerte infolge einer zu groben Vernetzung zu vermeiden.

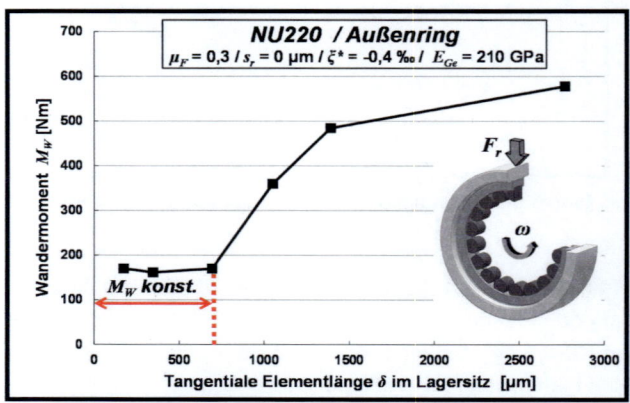

Bild 2-17: Wandermoment M_W über der tangentialen Elementlänge δ im Lagersitz für das Lager NU220

Bei der Ermittlung des Wandermomentes an einem Großlager (d_i = 530 mm) sollte eine Elementkantenlänge von $\delta \approx$ ≈ 2200 µm bzw. 2,2 mm nicht überschritten werden (**Bild 2-18**).

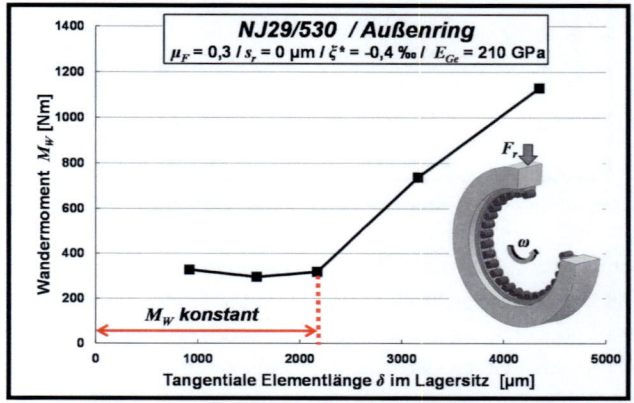

Bild 2-18: Wandermoment M_W über der tangentialen Elementlänge δ im Lagersitz für ein Großlager mit d_i = 530 mm

2.2.8 Simulationsablauf

Die Simulation erfolgt unabhängig vom konkreten Modell in gleicher Weise. Es ist zu beachten, dass die Simulationen einen stationären Betriebs- und Belastungszustand abbilden müssen. Folglich muss am Beginn der Käfigrotation ein schubspannungsfreier Zustand im Lagersitz vorliegen. Aus diesem Grund besteht die Umlaufsimulation zumeist aus den folgenden sechs Simulationsschritten:

1. Schritt: Reibungsfreie Übermaßaufbringung

Es wird ein Übermaß in der Fuge zwischen Lagerring und Gehäuse bzw. Welle zur Kontaktfindung aller im Lager befindlichen Kontaktpaare eingestellt. Die Realisierung des Übermaßes erfolgt durch die bereits beschriebene Kontaktfunktion in ABAQUS und sollte unabhängig vom später betrachteten Fugenzustand mindestens ξ = 0,5 ‰ betragen. Die Kontakte besitzen in diesem Schritt keine Reibung, um einen schubspannungsfreien Endzustand zu erzielen. In dieser Simulationsphase sind unerwünschte Starrkörperbewegungen der involvierten Bauteile noch möglich. Diese sind über zusätzliche Randbedingungen (radiale Einspannung der Wälzkörper und axiale Verschiebung des Lagerringes) zu eliminieren.

2. Schritt: Kontaktfindung Wälzkörper

Durch das aufgebrachte Übermaß ergibt sich aufgrund der verhinderten Starrkörperverschiebung der Wälzkörper eine Durchdringung im Kontakt mit dem Lagerring. Dies unterstützt die teilweise sehr aufwändige Kontaktfindung. In diesem Schritt wird nun der radiale Freiheitsgrad der Wälzkörper freigegeben, wobei dieser mit einer im Vergleich zur Lagerlast F_r geringen radialen Vorlast (F_i ≈ 10 N) zur Stabilisierung des Kontakts beaufschlagt werden muss.

3. Schritt: Aufbringung der stationären äußeren Belastung

In diesem Lastschritt wird die äußere Belastung in Form von radialen Kraftrandbedingungen auf die Wälzkörper aufgebracht.

4. Schritt: Einstellung der Fugenpassung

Nun wird die zu berechnende Fugenpassung (Spiel oder Übermaß) eingestellt, welche das in Schritt 1 verwendete Übermaß ersetzt. Dies erfolgt wiederum durch die spezielle Kontaktfunktion in ABAQUS.

5. Schritt: Einschaltung der Reibung

In diesem Schritt wird die Reibung aktiviert. Durch die gewählte Vorgehensweise liegt nach diesem Simulationsschritt ein reibschubspannungsfreier, elastisch verspannter Ausgangszustand vor, der als Grundlage für die folgende Rotation des Käfigs dient.

6. Schritt: Umlaufsimulation

In diesem Schritt wird der „Käfig", welcher nur als vereinfachte steife Kopplung simuliert wird, in Rotation versetzt. In der Regel wird eine Käfigumdrehung ($\varphi_{Käfig}$ = 360°) mit konstanter Geschwindigkeit simuliert. Dies erfolgt in sehr kleinen Berechnungsinkrementen. Diese werden so gewählt, dass sich deren Schrittweite mit der Anzahl der über dem Umfang befindlichen Elemente gleicht. Für das Lager NU205 ergeben sich somit beispielsweise 520 Berechnungsinkremente pro Käfigumdrehung.

2.2.9 Datenauswertung

Je nach Anwendungsfall wurde entweder bei Umfangslast der Schlupf zwischen Lagerring und Welle/Gehäuse ausgewertet und daraus die Wanderdrehzahl ermittelt oder bei punktlastigem Lagerring das Wandermoment berechnet. Diese Vorgehensweise erlaubt einen direkten Vergleich mit den zur Verfügung stehenden experimentellen Ergebnissen.

2.2.9.1 Wandermoment

Um das Wandermoment (vergl. Bild 1-4) richtig erfassen zu können, wurden Elementknoten entlang eines Radialschnittes anhand der Funktion „*Kinematic Coupling*" mit einem vorgelagerten Referenzpunkt (*RP*) gekoppelt (**Bild 2-19**).
Der Referenzpunkt wird anschließend in tangentialer Richtung arretiert. Damit besitzen die verbundenen Elementknoten des Lagerringes keinen tangentialen Freiheitsgrad. Zu beachten ist dabei, dass sich das Coupling entgegengesetzt zur Lasteinleitung F_r befindet und keine Elementknoten der Kontaktfläche einbezogen werden. Somit wird gewährleistet, dass der Einfluss der „Messstelle" auf den Wanderprozess hinreichend klein ist.

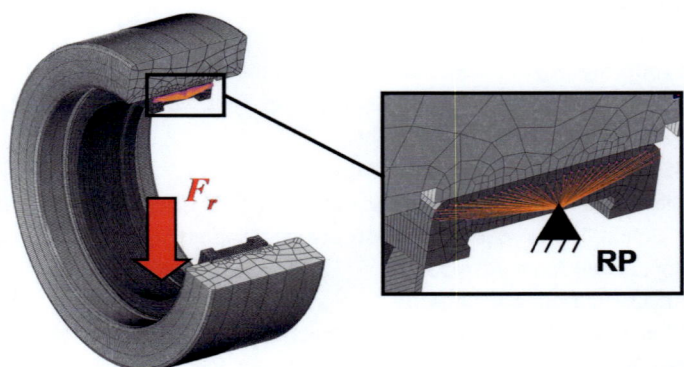

Bild 2-19: Modellaufbau zur Ermittlung des Wandermomentes am Referenzpunkt RP

ABAQUS liefert nach erfolgreicher Simulation die akkumulierte (sprich die Gesamt-) Kraft bis zum Ende des jeweiligen Lastschritts als direkte vektorielle, d.h. 3-komponentige Ergebnisgröße, wobei durch den gewählten Aufbau nur tangentiale Kräfte auftreten können. Diese Gesamtkraft kann Teilkräfte enthalten, welche aus der

Aufbringung der stationären Last resultieren und von der Gesamtkraft subtrahiert werden müssen.

Im Verlauf der Auswertungen für die folgenden Kapitel zeigte sich, dass sich teilweise erst nach vier bis fünf Käfigumdrehungen stationäre Werte für das Wandermoment einstellen. Da der notwendige Rechenaufwand zum Erreichen dieser teilweise deutlich zu hoch wäre, wurde anhand der vorhandenen Ergebnisse für eine Käfigumdrehung der weitere Verlauf logarithmisch extrapoliert. Stichprobenartige Untersuchungen haben eine hinreichende Genauigkeit (Abweichung ca. 5%) dieser Vorgehensweise bestätigt. **Bild 2-20** zeigt beispielhaft die Verläufe für drei bzw. eine Käfigumdrehung und die zugehörige Extrapolation der Ergebnisse aus einer Umdrehung.

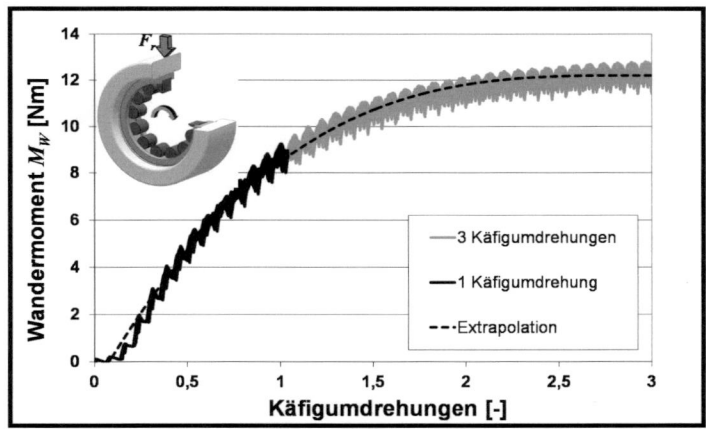

Bild 2-20: Vergleich der Wandermomente für drei bzw. eine Käfigumdrehungen und der zugehörigen logarithmischen Extrapolation für eine Umdrehung
(NU205; bezogene Radiallast p_r = 18 MPa; Lagerluft s_r = 0 µm; Fugenspiel ξ^* = -0,4 ‰)

Aufgrund der identischen Ergebnisse für Käfigumdrehungen < 1 ist in diesem Bereich nur ein Verlauf sichtbar. Zukünftig ist es allerdings erstrebenswert den Modellaufbau so zu verändern, dass der stationäre Wert schneller erreicht werden kann. So wäre eine der Käfigdrehung vorgelagerte tangentiale „Vorspannung" des Lagerringes denkbar. Dies erfordert allerdings die ungefähre Kenntnis über den zu erwartenden Wert für das sich einstellende Wandermoment, um die tangentiale Vorspannung in der richtigen Größenordnung aufbringen zu können. In **Tabelle 2-7** sind typische Wandermomente in Abhängigkeit der Radiallast dargestellt.

2 Simulationsmethodik zur Untersuchung des Wanderns

Tabelle 2-7: Simulativ ermittelte Wandermomente in Abhängigkeit der bezogenen Radiallast p_r (AR; Fugenspiel ζ^* = -0,4 ‰; Fugenreibwert μ_F = 0,30)

Parameter		Wanderkraft F_W [N]	Wandermoment M_W [Nm]
6205	p_r = 13 MPa	634	15,6
NU205	p_r = 13 MPa	329	8,1
NU205	p_r = 18 MPa	480	12,0

2.2.9.2 Schlupf bzw. Wanderdrehzahl

ABAQUS berechnet den akkumulierten Gleitweg zweier Kontaktflächen und speichert diesen als Ausgabe-Variable *CSLIP* in die Berechnungsdatei. Dieser Gleitweg entspricht dem tangential zur Kontaktfläche auftretenden Schlupf S, welcher für das Wandern irrrelevante Relativbewegungen durch das Einstellen des Übermaßes und/oder durch das Aufbringen der Lagerkräfte beinhalten kann. Entsprechend müssen bei der Auswertung der Wanderbewegungen im Berechnungsschritt „Umlaufsimulation" diese irrelevanten Schlupfanteile vom Gesamtschlupf subtrahiert werden.

Die Auswertung erfolgt dabei an vier um jeweils 90° versetzten „Messbereichen", welche drei „Messpunkte" in axialer Richtung aufweisen (**Bild 2-21**).

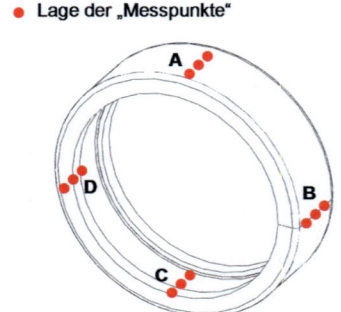

Bild 2-21: Messpunkte zur Ermittlung des tangentialen Schlupfes S am Außenring

Die Schlupfauswerteschwelle wird durch den Parameter *elastic slip* eingestellt (0,1 µm, vergl. Kap. 2.2.6). Somit werden Schlupfwerte, die diesen Betrag unterschreiten ignoriert bzw. null gesetzt.

In **Bild 2-22** ist beispielhaft die Auswertung des Schlupfes für einen Elementknoten bzw. Messpunkt eines Innenringlagersitzes unter Umfangslast dargestellt. Die rechteckigen Markierungen kennzeichnen den Durchlauf der Lastzone am betrachteten

Element. Diese Bereiche sind für die Auswertung nicht nutzbar, da hier die Wälzkörpereinflüsse den Schlupfwert stark beeinflussen. Das blau hervorgehobene Intervall gibt einen Bereich an, in dem eine Auswertung der Relativverschiebungen möglich ist. Die Schlupfwerte zeigen eine Periodizität, d.h. nach jeweils einer Umdrehung des Innenringes weisen sie einen konstanten linearen Anstieg auf. Es müssen daher zur Auswertung des Schlupfes typischerweise nur 1 bis 2 Umdrehungen des Innenringes simuliert werden, da es irrelevant ist, welches der dargestellten Intervalle einer Auswertung unterzogen wird.

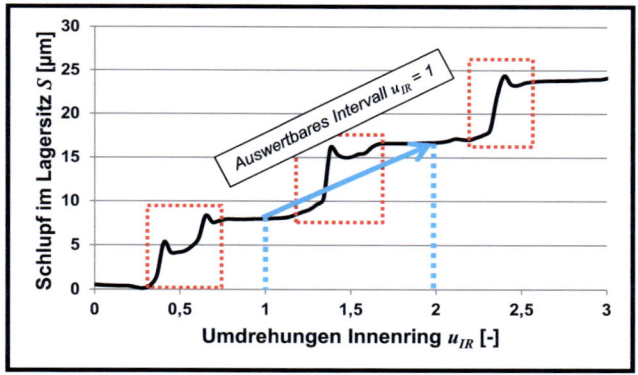

Bild 2-22: Schlupfauswertung am Innenring-Lagersitz unter Umfangslast am Beispiel des NU205 (Auswertbares Intervall mit Pfeil gekennzeichnet; nicht auswertbare Bereiche durch Wälzkörpereinfluss mittels gepunkteter Rechtecke dargestellt)

Anschließend wird - zur Vergleichbarkeit mit experimentellen Ergebnissen - der ermittelte tangentiale Schlupfwert S pro Intervall (eine Innenringumdrehung) ins Verhältnis zur Umfangslänge der Kontaktfuge $l_F = \pi \cdot D_a$ gesetzt. So ergeben sich die Wanderumdrehungen u_W eines Lagerringes nach einer Lagerumdrehung.

$$u_W = \frac{S}{\pi \cdot D_a} \quad [-] \qquad (2.1)$$

Hieraus lässt sich anschließend mittels der Wellendrehzahl n die Wanderdrehzahl[1] n_W berechnen. Für die hier gezeigten Ergebnisse gilt n = 3000 min^{-1}.

$$n_W = u_W \cdot n \quad [\text{min}^{-1}] \qquad (2.2)$$

---

[1] Die Wanderdrehzahl wurde in [16] und [20] als Wandergeschwindigkeit bezeichnet, was einheitengemäß allerdings nicht korreliert (vergl. Kap. 1.2.6). Demnach wird in dieser Arbeit der Begriff Wanderdrehzahl verwendet.

2.2.10 Schlussfolgerung und Validierung

Mit dem in diesem Kapitel vorgestellten Modell konnten zum ersten Mal mehrere Umdrehungen eines Wälzlagers mit Hilfe der FEM in einer vertretbaren Zeit simuliert werden. Dies erlaubt neben einer genauen Beurteilung der Vorgänge in der Kontaktfuge auch eine umfangreiche Parametervariation, wie sie bislang nicht möglich war. Im Gegensatz zu den an anderer Stelle (z.B. [35]) durchgeführten 2D-Simulationen korrelieren die 3D-Ergebnisse (unter realen Randwert- und Kontaktannahmen) auch aus quantitativer Sicht mit den in [15], [16], [20] und [34] experimentell ermittelten Werten sehr gut (vergl. auch [47]). Dies wird durch die Gegenüberstellungen von Experiment und Simulation in **Bild 2-23** bis **Bild 2-25** eindrucksvoll belegt.

Beim Vergleich zwischen experimentellen und simulativen Ergebnissen spielt die bei der experimentellen Versuchsdurchführung vorliegende Fugenpassung eine wichtige Rolle. Die berechnete Fugenpassung basierend auf der Bauteilvermessung bei Raumtemperatur kann deutlich von der Passung während der Messung des Wandermomentes oder der Wanderdrehzahl während des Versuchs (Betriebstemperatur 60 - 80 °C) abweichen. Daher wurden die experimentellen Ergebnisse ihrer realen (Versuchs-) Passung bei Betriebstemperatur und nicht ihrer (Nenn-) Passung bei Raumtemperatur zugeordnet.

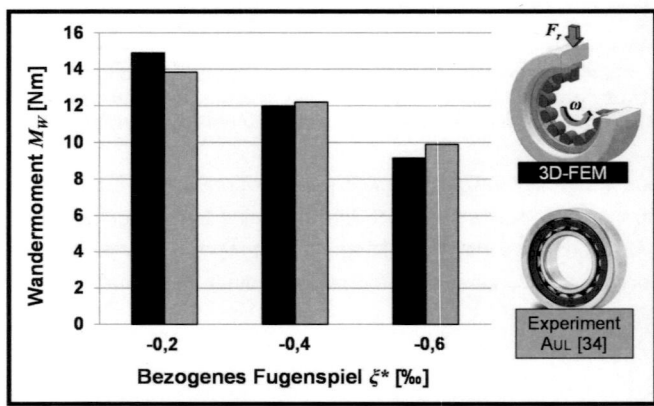

Bild 2-23: Vergleich der Wandermomente am AR aus 3D-FEM und Experiment am Beispiel des Fugenspiels ξ^* zwischen Gehäuse und Lagerring (Basisdaten: NU205; bezogene Radiallast p_r = 18 MPa; Reibwert Fuge μ_F = 0,3; E-Modul Gehäuse E_{Ge} = 210 GPa)

Die Abweichungen des experimentellen Ergebnisses für Q_A = 0,87 in **Bild 2-24** ist auf eine deutliche Reibwerterhöhung infolge von Materialaufwürfen im Lagersitz (Fresser) zurückzuführen. Diese Reibwerterhöhung wurde anhand einer zusätzlichen Simulation nachgebildet, welche einen Fugenreibwert im Lagersitz μ_F = 0,85 aufwies. Der für alle anderen Simulationen angenommene Fugenreibwert μ_F = 0,3 soll den Fugenzustand eines ölgeschmierten Stahl-Stahl-Reibkontaktes nach dem Einsetzen des sogenannten „Hochtrainierens" darstellen und kann in Anbetracht der experimentell ermittelten Daten in [46] als realistisch betrachtet werden.

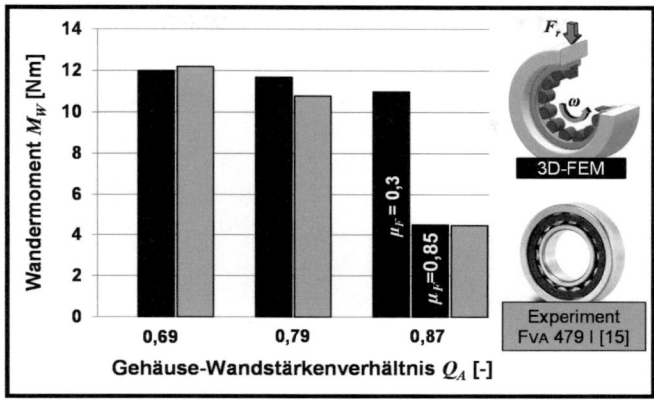

Bild 2-24: Vergleich der Wandermomente am AR aus 3D-FEM und Experiment am Beispiel des Gehäuse-Wandstärkenverhältnisses Q_A (Basisdaten: NU205; bezogene Radiallast p_r = 18 MPa; Reibwert Fuge μ_F = 0,3; Fugenspiel ξ^* = -0,4 ‰; E-Modul Gehäuse E_{Ge} = 210 GPa)

Für die Gegenüberstellung der Ergebnisse in Bild 2-25 wurde für die Paarung Stahl-Guss auf Basis der in Bild 2-11 experimentell ermittelten Reibwerte ein Wert von μ_F = 0,2 angenommen, was als realistisch angesehen werden kann.

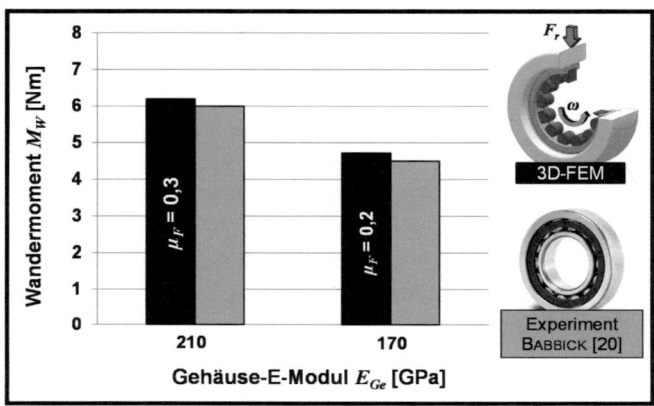

Bild 2-25: Vergleich der Wandermomente am AR aus 3D-FEM und Experiment am Beispiel des Gehäuse-E-Moduls E_{Ge} (Basisdaten: NU205; bezogene Radiallast p_r = 11,5 MPa; Fugenspiel ξ^* = -0,2 ‰)

2 Simulationsmethodik zur Untersuchung des Wanderns

Neben der Simulations-Validierung bezüglich des Wandermomentes am Außenring wurden auch Vergleiche hinsichtlich der Wanderdrehzahlen am Innenring durchgeführt. **Bild 2-26** zeigt die Wanderdrehzahlen n_W aus 3D-FEM und Experiment bei Variation der bezogenen Radiallast p_r. Die Ergebnisse korrelieren auch in diesem Fall sehr gut.

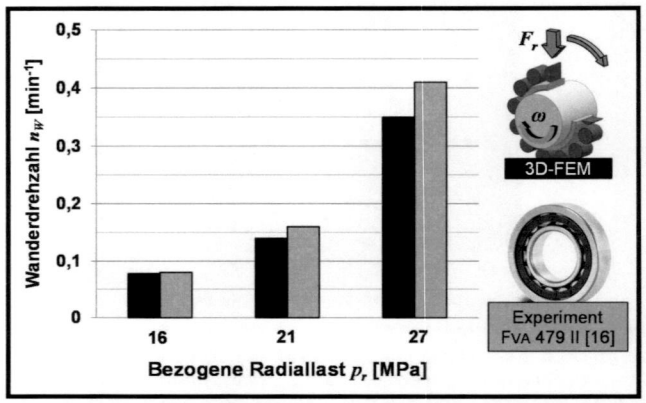

Bild 2-26: Vergleich der Wanderdrehzahlen am IR aus 3D-FEM und Experiment am Beispiel der bezogenen Radiallast p_r (Basisdaten: NU205; Reibwert Fuge μ_F = 0,3; Fugenübermaß ξ = 0,12 ‰; E-Modul Welle E_{We} = 210 GPa; relativer Biegeanteil χ_B = 25)

2.3 2D-Simulation

Im folgenden Abschnitt wird der Aufbau der vereinfachten 2D-Modelle erläutert. Bei allen 2D-Berechnungen wurde für die vernetzten Körper der ebene Verzerrungszustand (EVZ) angewendet. Dies entspricht der Annahme, dass der betrachtete Querschnitt sich ausreichend weit von Nabenkanten und Wellenabsätzen befindet und somit der für die Wanderschwelle kritische Bereich in der Lagermitte abgebildet wird. Die geometrischen Abmessungen entsprechen immer denen des mittigen Radialschnittes (vergl. Bild 1-3) der im vorigen Kapitel vorgestellten 3D-Modelle.

Die 2D-Modelle bestehen aus einem Kontinuum, welches **kontaktfrei** den Lagerring und das Gehäuse abbildet. Das Modell besteht aus ca. 30000 Elementen, wobei der Bereich der Lasteinleitung detaillierter vernetzt wurde. Der zu untersuchende „Fugendurchmesser" wurde dabei als Kanten- bzw. Knoten-Set „virtuelle Kontaktfuge" im ABAQUS/CAE-Preprozessor definiert und bezüglich seiner Radialspannungen σ_{rr} und seiner Tangentialspannungen τ resp. $\sigma_{r\varphi}$ ausgewertet. In **Bild 2-27** wird die Radialspannung für den Modellaufbau des Systems Außenring/Gehäuse der Scheibensimulation gezeigt.

2 Simulationsmethodik zur Untersuchung des Wanderns

Die Wälzkörperlasten werden durch Einzelkräfte F_i (*Concentrated Force*) in radialer Richtung angetragen. Die Berechnung der Wälzkörperlasten erfolgte mittels DIN ISO 281 [45]. Das Kontinuum aus Lagerring und Gehäuse wird am Außenrand vollständig eingespannt und besitzt somit keine Freiheitsgrade. Die Simulation besteht nur aus einem Berechnungsschritt, in welchem die Wälzkörperlasten in ca. 10 Unterschritten (*Increments*) aufgebracht werden.

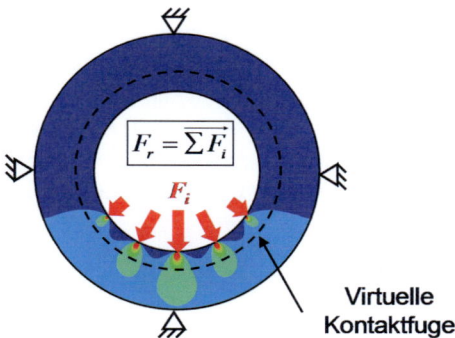

Bild 2-27: 2D-Kontinuums-Scheibenmodell am Beispiel des Systems Außenring/Gehäuse (Radialspannungen infolge der Wälzkörperlasten F_i)

3 Mechanismen des Wanderns

Beim Betrieb von Wälzlagern können raupenartige Walkbewegungen der Lagerringe entstehen, welche zumeist als Wandern bezeichnet werden, da sie sich im Gegensatz zum tangentialen „Rutschen" bei Welle-Nabe-Presssitzen auch ohne nominelle Torsionsmomentdurchleitung in der Welle (unter dem Lagersitz) vollziehen. In **Bild 3-1** ist dieser Wandervorgang an einem Plattenmodell vereinfacht dargestellt. Es ist ersichtlich, dass bereits eine reine Normalbelastung F_i (Lager ruht) zu einer wellenartigen Verformung des als Platte dargestellten Lagerringes führt. In der Lagersitzfuge entstehen hierbei Schlupfzonen.

Wird nun das Lager in Rotation versetzt, so führt die Bewegung der Wälzkörper zu einer tangentialen Verschiebung der Lagerringverformungen und somit der Schlupfzonen. Resultierend daraus stellt sich eine kontinuierliche Verschiebung Δ zwischen den Kontaktpartnern ein (unten).

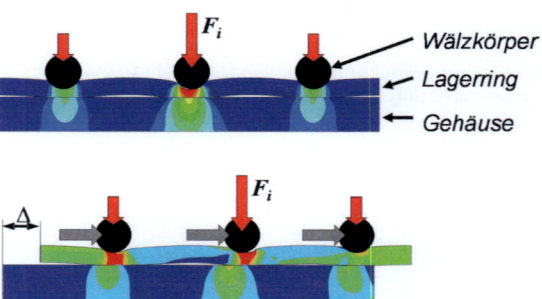

Bild 3-1: Vereinfachte Darstellung der Wanderbewegung am Plattenmodell; ruhendes Lager unter Normalbelastung (oben) sowie rotierendes Lager unter Normalbelastung (unten)

Anhand der auftretenden radialen und tangentialen Verformungen sowie der hieraus resultierenden Schlupfzustände werden in **Bild 3-2** die Vorgänge beim Wandern detailliert aufgezeigt. Das Bild zeigt einen Lageraußenring samt Gehäuse und ist in die Bereiche ruhendes (oben) und rotierendes Lager (unten) unterteilt. Der Lagerring wird bei ruhender Belastung im Bereich der Lasteinleitungen durch die Wälzkörper radial gestaucht. Betrachtet man zusätzlich die tangentialen Verformungen so ist zu erkennen, dass sich die Abschnitte des Lagerringes zwischen zwei belasteten Wälzkörpern tangential ausdehnen. Demnach werden die Lagerringsegmente zwischen zwei unter Last stehenden Wälzkörpern länger. Um dies zu kompensieren beult der Lagerring aus, was zu einer partiellen Reduzierung des Fugendrucks und gleichzeitig zu hohen Reibschubspannungen in diesen Lagerringsegmenten führt. Diese Reibschubspannungen generieren bei Überschreitung der wanderkritischen Belastung örtlichen Schlupf, welcher sich symmetrisch ausbreitet und daher noch kein Wandern bewirkt, aber eine notwendige Grundvoraussetzung hierfür darstellt. Bild 3-2 (Diagramm, oben) zeigt den örtlichen Schlupf anhand der relativen Reibschubspannung τ / p_F. Bei der gewählten Darstellung tritt Schlupf dort auf, wo die Schlupfgrenze (hier τ / p_F = Fugenreibwert μ_F = 0,3) erreicht wird.

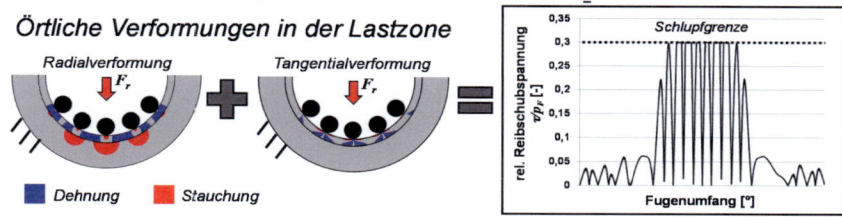

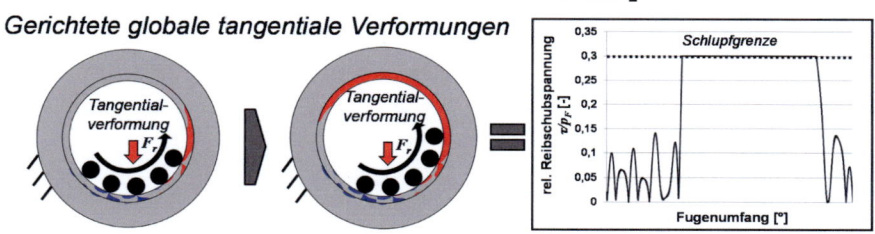

Bild 3-2: Verformungen im Lagerring und Gehäuse und daraus resultierende Schlupfentwicklung in der Kontaktfuge infolge einer Normalbelastung F_r

Bei rotierendem Lager (Bild 3-2, unten) bildet sich eine in Rotationsrichtung des Wälzlagerkäfigs gerichtete Stauchung des Lageringes aus, welche der Lastzone vorausläuft und stetig zunimmt (**Bild 3-3**).
Dies ist mit dem kontinuierlichen Spannen einer Feder vergleichbar. Die Federkraft wird durch die Stauchung des Lageringes erzeugt und die benötigte Gegenkraft der „Feder" wird durch die Reibung im Lagersitz gewährleistet. Das Wandern des Lagerringes setzt dann ein, wenn die Stauchung des Lagerringes zu groß und der Reibschluss im Lagersitz durchbrochen wird. Hierbei verschiebt sich der gestauchte Teil des Lagerringes um wenige μm in Drehrichtung des Käfigs und die tangentialen Verformungen bilden sich zurück. Dieser Vorgang des Stauchens und des anschließenden Entspannens des Lagerringes wiederholt sich nun permanent. Die resultieren-

3 Mechanismen des Wanderns

den Verschiebungen addieren sich zu makroskopisch sichtbaren Relativbewegungen zwischen Lagerring und Anschlussgeometrie.

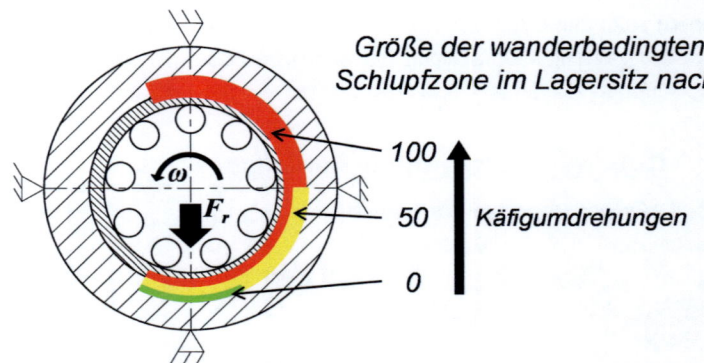

Bild 3-3: Ausbreitung der Schlupfzone im Lagersitz infolge Wandern (qualitativ)

4 Parameteranalyse zum Wanderverhalten von Wälzlagern am Beispiel des Zylinderrollenlagers NU205

4.1 Allgemeines

Im Folgenden werden die simulativen Ergebnisse zur Beurteilung der unterschiedlichen Wandertendenzen und -neigungen in Abhängigkeit diverser Parameter am Beispiel des Zylinderrollenlagers NU205 gezeigt. Dabei werden auf Basis der FE-Untersuchungen sämtliche wirkende Phänomene detailliert analysiert. Zur übersichtlichen Darstellung werden die durchgeführten Untersuchungen in die Systeme Innenring / Welle sowie Außenring / Gehäuse unterteilt, wobei der Fokus auf dem Außenring liegt.

Die für die Untersuchungen ausgewählten Referenz-Randbedingungen sind in **Tabelle 4-1** aufgeführt. Der hierin angegebene Reibwert wurde in [16] experimentell ermittelt und gilt für eine geölte AR-Stahl-Paarung nach dem Hochtrainieren des Kontaktes ohne Fresserscheinungen.

Tabelle 4-1: Referenz-Randbedingungen für die Parameteranalyse

Parameter	Innenring	Außenring
Lagerbauform	Zylinderrollenlager NU205	
Belastungsform	Umfangslast	Punktlast
Passung im Lagersitz	$\xi = 0{,}2$ ‰	$\xi^* = -0{,}4$ ‰
Radiallast	$F_r = 14$ kN	
Fugenreibwert	$\mu_F = 0{,}3$	
Lagerluft	$s_r = 0$	
Lageranschlusswerkstoff	Stahl ($E = 210$ GPa / $\nu = 0{,}3$)	
Wandstärkenverhältnis Lageranschlussgeometrie	$Q_I = 0$	$Q_A = 0{,}69$
Biegeanteil	$\chi_B = 6{,}4$	-

Die gewählten Passungen entsprechen den von den Wälzlagerherstellern empfohlenen Werten. Demnach besitzt der punktlastige Außenring eine Spielpassung und der umfangslastige Innenring ein leichtes Übermaß (vergl. Kap. 1.3.1).

*Es wird darauf hingewiesen, dass alle gewählten Referenzdaten in diesem Kapitel konstant gehalten werden. Demnach wird immer nur der zu untersuchende Parameter variiert, während alle anderen Parameter unverändert bleiben (**Bild 4-1**). Dies entspricht zwar nicht immer den realen Bedingungen, aber es erlaubt den quantitati-*

ven Vergleich der untersuchten Parametereinflüsse getrennt von Umgebungseinflüssen.

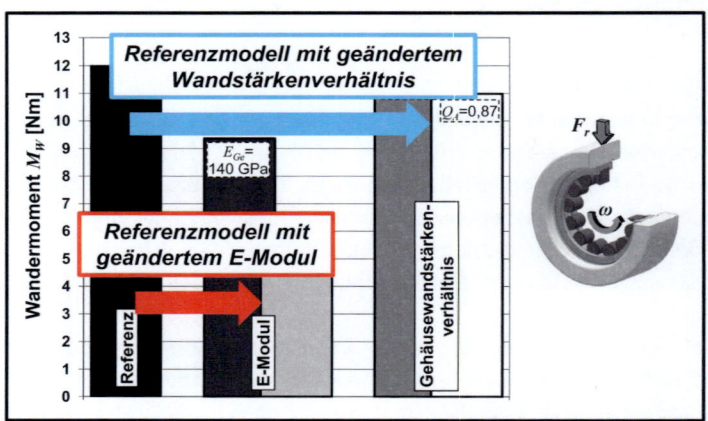

Bild 4-1: Erläuterung zur Ergebnisdarstellung in diesem Kapitel

4.2 System Außenring / Gehäuse unter Punktlast

4.2.1 Allgemeines

In diesem Abschnitt werden die Untersuchungen zur Wanderneigung von (biegefreien) Lagersitzen in Abhängigkeit verschiedener Parameter unter Verwendung der 3D-Kinematiksimulation vorgestellt. **Bild 4-2** zeigt beispielhaft den Modellaufbau für das Lager NU205.

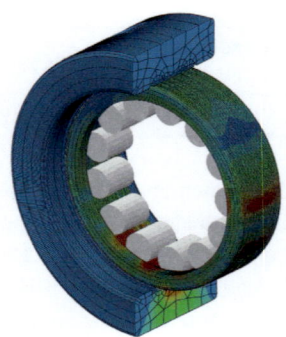

Bild 4-2: Modell der 3D-Kinematiksimulation für das Zylinderrollenlager NU205 (Außenring / Gehäuse)

Die Simulationen wurden bezüglich des Wandermomentes ausgewertet. Ein hohes Wandermoment ist dabei einer großen Wanderneigung gleichzusetzen und damit als negativ einzustufen. Wie in Kap. 3 beschrieben, sind die hier am Außenring ermittelten Tendenzen auch auf *biegefreie* Innenringe übertragbar.

4.2.2 Einfluss des Lagergehäuses

In **Bild 4-4** ist der ermittelte Einfluss des Lagergehäuses auf die Wanderneigung durch Änderung des zugehörigen Gehäuse-E-Moduls E_{Ge} und des Wandstärkenverhältnisses Q_A (**Bild 4-3**), d.h. der Gehäusesteifigkeit, dargestellt.

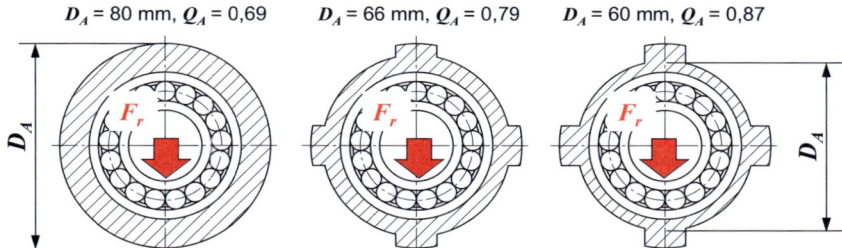

Bild 4-3: Untersuchte Gehäuseausführungen (links: massives Gehäuse; Mitte: dickwandiges Rippengehäuse; rechts: dünnwandiges Rippengehäuse) [15]

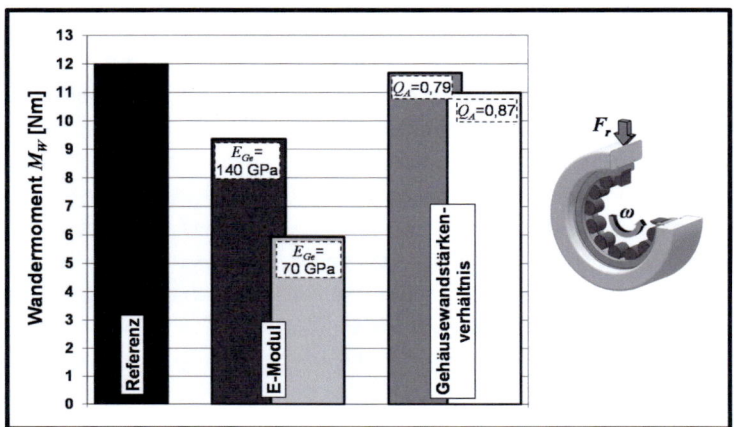

Bild 4-4: Änderung des Wandermomentes bei Variation des Gehäuse E-Moduls (E_{Ge}) und der Gehäusewandstärke (Q_A) (Referenzdaten: NU205; bezogene Radiallast p_r = 18 MPa; Reibwert Fuge μ_F = 0,3; Lagerluft s_r = 0 µm; Fugenspiel ξ^* = -0,4 ‰; E_{Ge} = 210 GPa; Q_A = 0,69)

4 Parameteranalyse zum Wanderverhalten von Wälzlagern

In Bild 4-4 ist zu erkennen, dass mit abnehmendem E-Modul des Gehäuses das Wandermoment M_W sinkt. Ein weicheres Gehäuse ist in der Lage die raupenförmige Wanderbewegung (vergl. Bild 3-1) des Lagerringes besser „einzubetten" (**Bild 4-5**), was im Lagersitzbereich zwischen zwei belasteten Wälzkörpern örtlich zu einer Fugendruckerhöhung gegenüber steiferen Gehäusen führt. Somit sind in diesem wanderkritischen Lagersitzbereich (vergl. Kap. 3) höhere Reibschubspannungen übertragbar. Dies führt zur Verringerung oder Vermeidung der Wanderneigung des Lagerringes.

Durch die Realisierung weicher Gehäusestrukturen in Form einer geringeren Gehäusewandstärke reduziert sich das Wandermoment ebenso. Der Einfluss des E-Moduls ist gegenüber der Gehäusewandstärke aber deutlich größer.

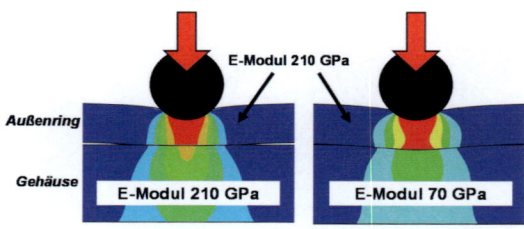

Bild 4-5: Qualitative Darstellung der Einbettung der Lagerringverformung bei Normalbelastung unter Variation der Gehäusesteifigkeit (vereinfachtes 2D-Plattenmodell, Radialspannungen, Bauteilverformung 100fach vergrößert)

*Es ist zu beachten, dass sich bei einer Änderung des Gehäusewerkstoffes auch der Fugenreibwert ändert. Dies wurde in den Simulationen **nicht** berücksichtigt, um den Einfluss der einzelnen Parameter getrennt darstellen zu können. Das Zusammenwirken der tribologischen Eigenschaften mit anderen Parametern wurde in Kap. 2.2.10 ausführlich beschrieben. Zudem wird in Kap. 4.2.6 der alleinige Einfluss des Fugenreibwertes gezeigt. Tendenziell ist bei Gusseisen-Gehäusen in Verbindung mit einem Lagerring aus gehärtetem 100Cr6 mit niedrigeren Reibwerten zu rechnen und somit im Realfall mit einem Anstieg des Wandermomentes gegenüber dem gezeigten Simulationsergebnis. Bei Aluminium-Gehäusen (E_{Ge} = 70 GPa) ist bei der Paarung mit 100Cr6 der verwendete Reibwert μ_F = 0,3 als zu niedrig zu beurteilen (vergl. Bild 2-11). Damit wird im Realfall das Wandermoment im Vergleich zum gezeigten Simulationsergebnis kleiner ausfallen.*

4.2.3 Einfluss der Lagergeometrie

In **Bild 4-6** ist der Einfluss der Lagergeometrie auf das Wandern durch Änderung des Wandstärkenverhältnisses des Außenringes Q_a und der Wälzkörperanzahl Z dargestellt.

4 Parameteranalyse zum Wanderverhalten von Wälzlagern

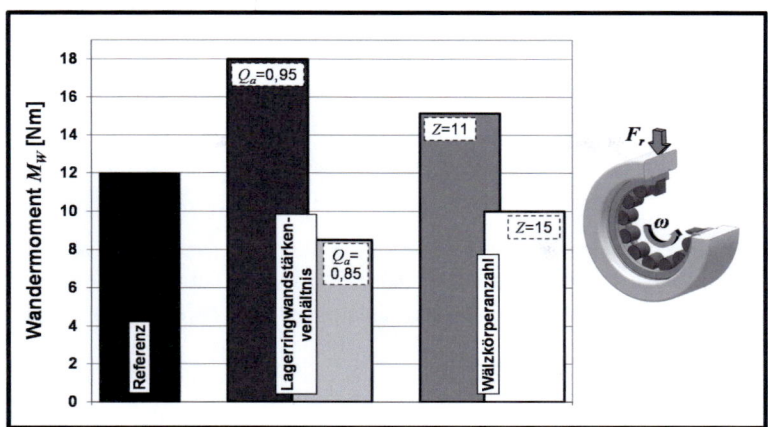

Bild 4-6: Änderung des Wandermomentes bei Variation des Lagerringwandstärkenverhältnisses (Q_a) und der Wälzkörperanzahl (Z) (Referenzdaten: NU205; bezogene Radiallast p_r = 18 MPa; Reibwert Fuge μ_F = 0,3; Lagerluft s_r = 0 µm; Fugenspiel ξ^* = -0,4 ‰; E-Modul Gehäuse E_{Ge} = 210 GPa; Z = 13; Q_a = 0,90)

Es wird deutlich, dass dickwandige Lagerringe (Q_a = 0,85) eine geringere Wanderneigung besitzen als dünnwandige. Dieser Effekt begründet sich durch die niedrigeren tangentialen Schubspannungen und die nahezu konstanten Radialspannungen in den wanderkritischen Fugenbereichen bei dickwandigen Lagerringen (**Bild 4-7**). Gleichzeitig sind dickwandige Lagerringe steifer als dünnwandige, wodurch dickwandige Lagerringe eine geringere wellenförmige Verformung (vergl. Bild 3-1) in der Kontaktfuge zulassen und damit den Wandervorgang hemmen.

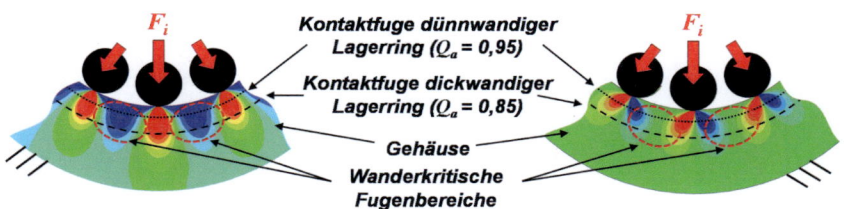

Bild 4-7: Radialspannungen (links) und Tangentialspannungen (rechts) bei unterschiedlichen Lagerringwandstärken

Weiterhin zeigt Bild 4-6, dass durch Erhöhung der Wälzkörperanzahl - bei identischer Lagerlast F_r - die Wanderneigung abnimmt. Dies ist auf die Reduzierung der Wälzkörperlasten F_i zurückzuführen, wodurch sich die wanderrelevante Verformung des Lagerringes verringert. Dieser Zusammenhang wird durch die folgenden Formeln zur Berechnung der Wälzkörperlastverteilung aus [45] beschrieben. Unter der (zulässi-

4 Parameteranalyse zum Wanderverhalten von Wälzlagern

gen) Annahme, dass die Konstante c_L und der Ortswinkel φ_j vernachlässigt werden können, ergibt sich eine Verringerung der Wälzkörperlast F_i bei Erhöhung der Wälzkörperzahl Z.

$$F_i = c_L \cdot \delta_j^{\frac{10}{9}} \quad \text{mit} \quad F_r - c_L \cdot \sum_{j=1}^{Z}\left[cos\left[\varphi_j\right] \cdot \delta_j^{\frac{9}{10}} \right] = 0 \tag{4.1}$$

Weiterhin wird bei einer Erhöhung der Wälzkörperzahl der wanderrelevante Bereich zwischen zwei belasteten Wälzkörpern kleiner. Dadurch erhöht sich der Fugendruck in diesem Bereich, da sich die Radialspannungen zweier benachbarter Wälzkörper nun überlagern.

Bei Erhöhung der Wälzkörperbreite nimmt die Wanderneigung ebenfalls ab (**Bild 4-8**). Dies begründet sich mit der Reduzierung der spezifischen Wälzkörperlast $F_{i,spez}$ bei steigender Wälzkörperbreite:

$$F_{i,spez} \approx \frac{F_i}{b_{WK}} \tag{4.2}$$

Dieser Effekt hat die gleichen Auswirkungen auf das Wanderverhalten wie die Reduzierung der Lagerlast im folgenden Kapitel.
Unter Berücksichtigung der gezeigten Simulationsergebnisse bietet sich demnach der Einsatz breiter, vollrolliger Wälzlager zur Reduzierung der Wanderneigung an!

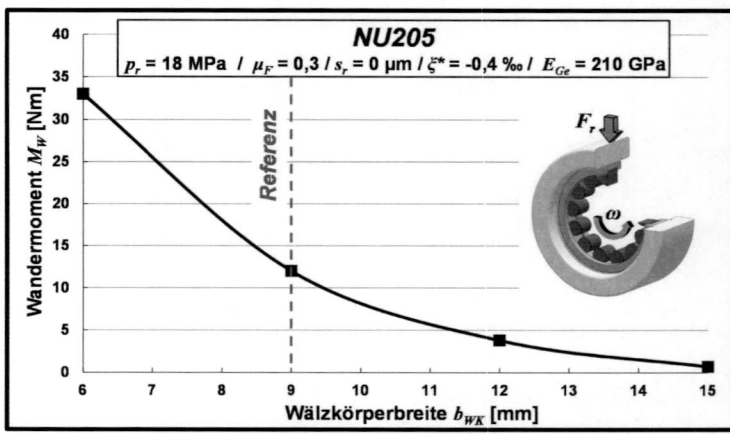

Bild 4-8: Wandermomente in Abhängigkeit der Wälzkörperbreite (b_{WK})

4.2.4 Einfluss der Lagerrandbedingungen

Bild 4-9 zeigt die Simulationsergebnisse zur Variation der Lagerparameter Radialluft s_r und Radiallast F_r bzw. p_r im Vergleich zur Referenz.

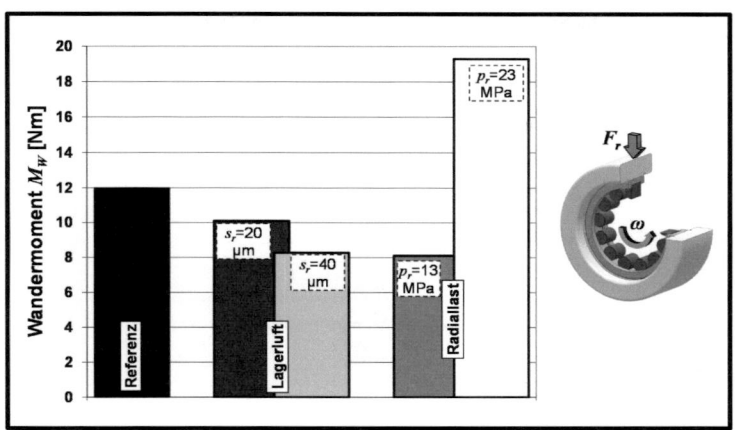

Bild 4-9: Änderung des Wandermomentes bei Variation der Lagerluft (s_r) und der Radiallast (F_r bzw. p_r) (Referenzdaten: NU205; p_r = 18 MPa; Reibwert Fuge μ_F = 0,3; s_r = 0 µm; Fugenspiel ξ^* = -0,4 ‰; E-Modul Gehäuse E_{Ge} = 210 GPa)

Eine Erhöhung der Lagerluft führt in der Simulation zu einer Abnahme der Wanderneigung, bedingt durch einen im kommenden Abschnitt beschriebenen Lastzonen-Effekt. Weiterhin führt die Reduzierung der Radiallast zur Abnahme des Wandermomentes M_W. Dieser Zusammenhang beruht auf den grundlegenden Vorgängen des Ringwanderns, welche primär auf die Schlupfbildung infolge der tangentiale Verdrängung des Lagerringes im unter Last befindlichen Wälzkörperbereich zurückzuführen sind (vergl. Kap. 3). Je geringer die Wälzkörperlasten, desto kleiner ist die tangentialen Verdrängung. Im Umkehrschluss neigen daher Lager unter höherer Last stärker zum Wandern.

Bild 4-10 zeigt den Einfluss einer überlagerten axialen Belastung. Mit zunehmender Flächenpressung an der Lagerstirnfläche infolge einer Erhöhung der Axialbelastung fällt das Wandermoment signifikant ab. Die Ursache für dieses Verhalten ist in der zusätzlichen (Stirn-) Kontaktfläche begründet, die mit steigender Axialbelastung höhere Schubspannungen übertragen kann. Eine eventuelle Verstärkung des Wanderns durch raupenartige Wanderbewegungen am Stirnkontakt wurde nicht festgestellt.

4 Parameteranalyse zum Wanderverhalten von Wälzlagern

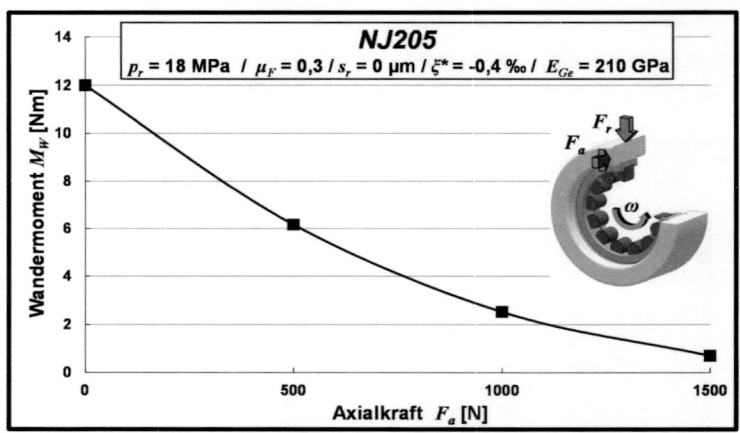

Bild 4-10: Einfluss der Axialkraft auf das Wandermoment

4.2.5 Einfluss der Passung

Bild 4-11 zeigt den Passungseinfluss auf die Wanderneigung durch Änderung des Fugenspiels bzw. des Übermaßes zwischen Gehäuse und Lageraußenring. Demnach steigt die Wanderneigung bei Reduzierung der Überdeckung bis zum Erreichen eines bezogenen Fugenspiels von $\xi^* = -0{,}1$ ‰ nahezu linear an. Dieser erwartungsgemäße Verlauf ist auf die globale Reduzierung des Fugendruckes im Lagersitz zurückzuführen. Bemerkenswert ist hingegen, dass eine weitere Vergrößerung des Fugenspiels zu einer Verringerung des Wandermomentes führt. AUL [34] und BABBICK [20] bestätigen dieses Verhalten experimentell. Zhan et al. [35] dagegen ermittelten eine lineare Abhängigkeit der Wanderneigung von der Passung (Anstieg der Wanderneigung bei Erhöhung des Fugenspiels), wobei diesen Ergebnissen die Einschränkung einer vereinfachten Simulationsmethodik (2D-FE) zugrunde liegt.

Die bei der Variation des Fugenspiels wirkenden Effekte sind – ebenso wie bei den bereits gezeigten Tendenzen bei Variation der Lagerluft – mit der Änderung der Lastzone erklärbar. So führt die Erhöhung des Fugenspiels bzw. der Lagerluft jeweils zu einer Verkleinerung der Lastzone (**Bild 4-12**) sowie der im Kontakt stehenden Fugenfläche. Die Radiallast stützt sich somit auf einer kleineren Lagersitz-Fläche ab. Daraus leitet sich ein partiell höherer Fugendruck ab, mit dem ein besserer örtlicher Reibschluss einhergeht. Zwar ist das Integral über dem Druck und damit auch die Summe der übertragbaren Reibschubspannungen in der Lagersitzfläche in beiden Fällen gleich, jedoch bewirkt die lokale Druckerhöhung in den wanderkritischen Kontaktbereichen zwischen den Wälzkörpern (vergl. Bild 4-7) eine Verminderung des Wandereffektes bzw. der Schlupfentwicklung.

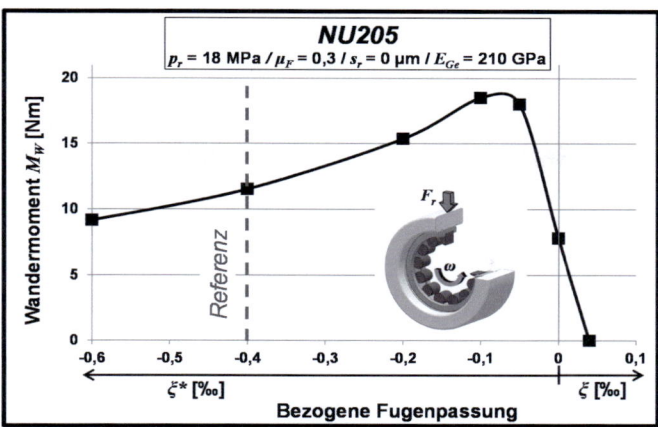

Bild 4-11: Wandermomente in Abhängigkeit des bezogenen Fugenspiels ($\xi^* < 0$) und des bezogenen Übermaßes ($\xi \geq 0$) zwischen Gehäuse und Lagerring

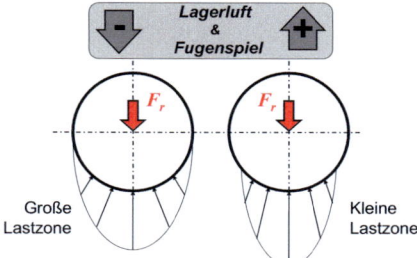

Bild 4-12: Typische Belastungszonen von Radial-Wälzlagern bei kleiner (links) und großer (rechts) Lagerluft (bzw. Fugenspiel)

4.2.6 Tribologischer Einfluss

Der tribologische Einfluss durch Änderung der Gleit-Reibwerte zwischen Gehäuse und Lagerring sowie im Rollkontakt ist in **Bild 4-13** dargestellt. Erwartungsgemäß führt ein besserer Reibschluss in Form höherer Reibwerte in der Kontaktfuge zu einer Verringerung der Wanderneigung. Reibwerterhöhende Maßnahmen durch Oberflächenbeschichtung usw. sind daher empfehlenswert. Mögliche Lösungsansätze hierfür werden in [48] vorgestellt. Die Rollreibung hat dagegen keinen dominanten Einfluss auf das Wandermoment und ist zugleich nur mit hohem Aufwand zu reduzieren.

4 Parameteranalyse zum Wanderverhalten von Wälzlagern

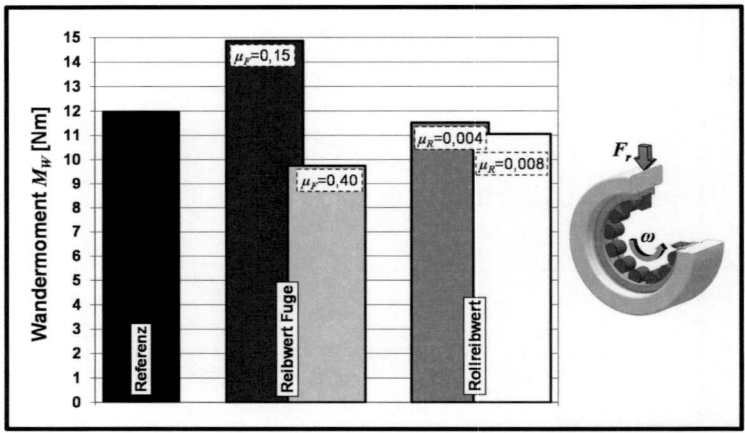

Bild 4-13: Änderung des Wandermomentes bei Variation des Fugenreibwertes (μ_F) zwischen Gehäuse und Lagerring sowie dem Rollreibwert zwischen Wälzkörper und Lagerring (μ_R) (Referenzdaten: NU205; bezogene Radiallast p_r = 18 MPa; μ_F = 0,3; μ_R = 0; Lagerluft s_r = 0 µm; Fugenspiel ξ^* = -0,4 ‰; E-Modul Gehäuse E_{Ge} = 210 GPa)

4.3 System Innenring / Welle unter Umfangslast

4.3.1 Allgemeines

In diesem Abschnitt werden die Untersuchungen zur Wanderneigung von biegebelasteten Lagersitzen in Abhängigkeit geometrischer Parameter der Welle vorgestellt. Für alle anderen Parameter (Reibung, Passung, Geometrie des Lagers usw.) gelten die in Kap. 4.2 am Außenring gezeigten Tendenzen. Daher werden diese Analysen hier nicht erneut aufgeführt.

Für die folgenden Untersuchungen wird jeweils die Wanderdrehzahl berechnet. Eine große Wanderdrehzahl ist dabei einer großen Wanderneigung gleichzusetzen und damit als negativ einzustufen.

4.3.2 Einfluss der Wellengeometrie

In **Bild 4-14** sind die Wanderdrehzahlen n_W (vergl. Kap. 2.2.9.2) in Abhängigkeit des Biegeanteils χ_B und der Wandstärke einer Hohlwelle grafisch dargestellt. Der relative Biegeanteil χ_B wird für den hier untersuchten symmetrischen Lastfall (Lagersitz in der Mitte der Welle) mit folgender Formel berechnet (vergl. Kap. 1.2.5).

$$\chi_B = \frac{16}{\pi} \cdot \frac{B}{d_i^2} \cdot a \qquad (4.3)$$

Bei niedrigen Biegeanteilen dominieren die „Wälzkörper-Effekte" und damit der wanderbedingte tangentiale Schlupf, welcher sich auf der Druckseite ausbildet. Mit zunehmendem Biegeanteil stellt sich axialer Schlupf auf der Zugseite infolge der Wellenverformung ein. Bei sehr hohen Biegeanteilen ist der axiale Schlupf auf der Zugseite größer als der tangentiale Wanderschlupf auf der Druckseite. **Bild 4-15** visualisiert die genannten Schlupfrichtungen.

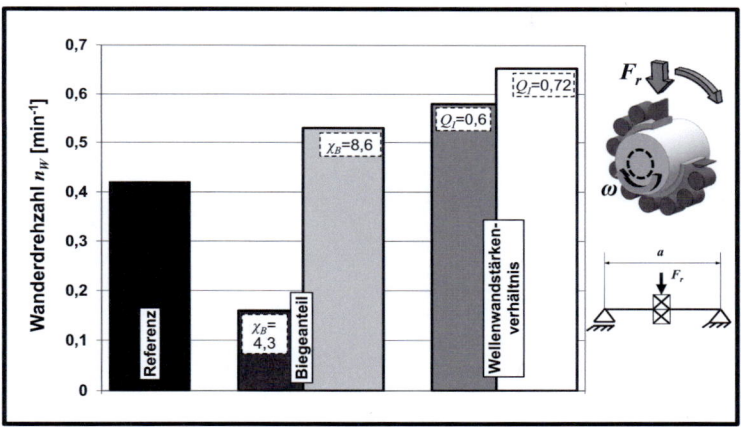

Bild 4-14: Änderung der Wanderdrehzahl bei Variation des Biegeanteils (χ_B) und der Wellenwandstärke (Q_I) (Referenzdaten: NU205; bezogene Radiallast p_r = 38 MPa; Reibwert Fuge μ_F = 0,3; Lagerluft s_r = 0 µm; Übermaß ξ = 0,2 ‰; E-Modul Welle E_{We} = 210 GPa; χ_B = 6,4; Q_I = 0)

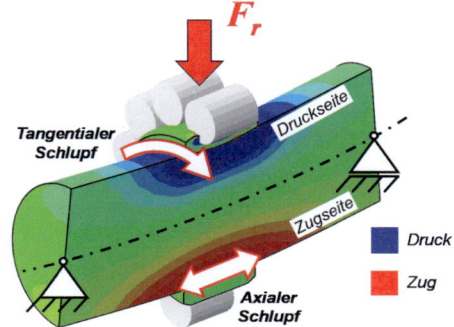

Bild 4-15: **Modell der 3D-Kinematiksimulation für das Zylinderrollenlager NU205 (Innenring / Welle)**

Grundsätzlich reduziert jegliche biegebedingte axiale Kontaktbeanspruchung die übertragbaren wanderbedingten tangentialen Reibschubspannungen im Lagersitz.

4 Parameteranalyse zum Wanderverhalten von Wälzlagern

Somit erhöht sich die Wanderneigung mit zunehmender Biegung. Dieser Zusammenhang wird mit Hilfe des Reibkreises (**Bild 4-16**) veranschaulicht. Es ist ersichtlich, dass die Höhe der axialen Reibkraft die übertragbare tangentiale Reibkraft beeinflusst. Wird die maximale Reibkraft (dokumentiert durch $F_{R,max} = \mu \cdot F_N$) überschritten, so setzt in Richtung der resultierenden Reibkraft Schlupf ein.

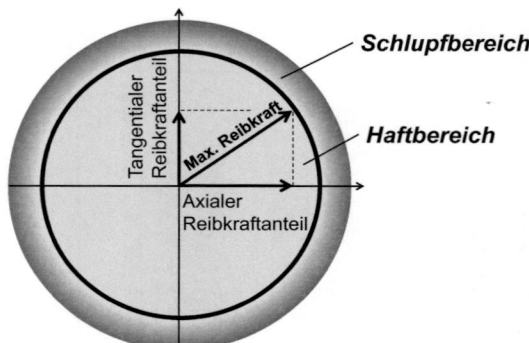

Bild 4-16: Reibkreis einer Kontaktpaarung

Eine erhebliche Erhöhung der Wanderdrehzahl ergibt sich bei Hohlwellen ($Q_i > 0$). Hier wirkt sich besonders der geringere resultierende Fugendruck infolge der radialen Nachgiebigkeit der Welle negativ aus.

Grundsätzlich sind bei allen biegebelasteten Lagersitzen hohe Schlupfamplituden nachweisbar, was sich mit den in [15] durchgeführten Untersuchungen deckt. Da die biegungsinduzierten axialen Schlupfzonen mit zunehmender Belastung von „außen" nach „innen" wachsen, treten trotz intensiver axialer Schlupfbewegungen (d.h. große Schlupfwege und/oder große Umfangsbereiche von Schlupf) nicht immer Wanderbewegungen auf. Offensichtlich besteht hier zwischen den Passungsrost- und Fressphänomenen sowie dem Lagerringwandern nicht zwangsläufig ein direkter Zusammenhang.

5 Vergleich der Wanderneigung und Wandergrenzen verschiedener Lagerbauformen

5.1 Allgemeines

Bei der Ermittlung der Wanderneigung spielt neben der Variation der unterschiedlichen Lagerparameter (Kap. 3) die Beurteilung der Lagerbauform sowie der Lagergröße eine wichtige Rolle. Daher werden im Folgenden die bereits in Bild 2-4 gezeigten einreihigen Radiallager hinsichtlich ihrer Wandergrenze untersucht und anschließend miteinander verglichen. Zur Ermittlung der Wandergrenze wird die Radialbelastung des Lagers kontinuierlich reduziert bis das Wandermoment (am AR) bzw. die Wanderdrehzahl (am IR) gleich null ist. Die Radiallast bei Erreichen der Wandergrenze $p_{r,Grenz}$ bzw. $F_{r,Grenz}$ dient als Vergleichsgröße zwischen den unterschiedlichen Lagerbauformen. Es ist zu beachten, dass sich bei gleicher Radiallast $F_{r,Grenz}$ unterschiedliche bezogene Radialbelastungen $p_{r,Grenz}$ am Innen- und Außenring einstellen, da die Umrechnung auf differenten Lagerdurchmessern basiert (vergl. Kap. 1.2.4).

Die für die Untersuchungen der Lagerbauart ausgewählten geometrisch gleichen Lager (d_i, B und D_a = konstant) wurden unter identischen Randbedingungen simuliert (**Tabelle 5-1**). Es wurde lediglich die radiale Belastung p_r und bei Sonderfällen die Axiallast F_a variiert.

Die gewählten Passungen entsprechen dabei wieder den vom Wälzlagerhersteller empfohlenen Werten. Demnach besitzt der punktlastige Außenring eine Spielpassung und der umfangslastige Innenring ein leichtes Übermaß (vergl. Kap. 1.3.1).

Tabelle 5-1: Parameter für die Untersuchungen am Innen- und Außenring bezüglich des Vergleiches der Lagerbauformen

Parameter	Innenring	Außenring
Belastungsform	Umfangslast	Punktlast
Passung im Lagersitz	$\xi_{(IR)} = 0{,}2$ ‰	$\xi_{(AR)}^* = -0{,}4$ ‰
Fugenreibwert	$\mu_F = 0{,}3$	
Lagerluft	$s_r = 0$	
Lageranschlusswerkstoff	Stahl ($E = 210$ GPa / $v = 0{,}3$)	
Wandstärkenverhältnis Lageranschlussgeometrie	$Q_I = 0$	$Q_A = 0{,}69$
Biegeanteil	$\chi_B = 0$	-

5.2 Lagertyp

5.2.1 Zylinderrollenlager NU205 (Referenz)

Als Referenz für die Untersuchungen der Wandergrenzen in diesem Kapitel dient das bereits in Kap. 3 verwendete Zylinderrollenlager (ZyRoLa) NU205 (**Bild 5-1**).

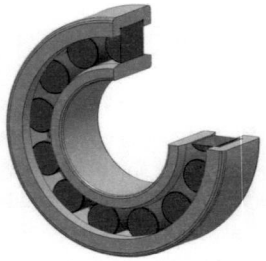

Bild 5-1: Simulierte Lagervariante Zylinderrollenlager NU205 im Teilschnitt

Die Ergebnisse für den Innenring unter Umfangslast zeigt **Bild 5-2** und für den Außenring unter Punktlast **Bild 5-3**.

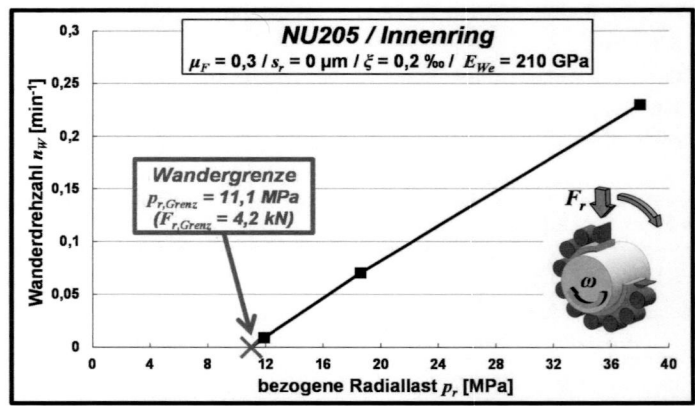

Bild 5-2: Wanderdrehzahlen des Innenringes des Zylinderrollenlagers NU205 bei Variation der Radiallast

Es ist ersichtlich, dass der Innenring bei einer höheren Radiallast ($p_{r,Grenz}$ = 11,1 MPa bzw. $F_{r,Grenz}$ = 4,2 kN) zu wandern beginnt als der Außenring ($p_{r,Grenz}$ = 4,3 MPa bzw. $F_{r,Grenz}$ = 3,4 kN). Dies ist im Wesentlichen auf die Unterschiede bei der Passungswahl für Innen- und Außenring zurückzuführen, welche der Herstellerangabe entsprechen (vergl. Tabelle 5-1).

5 Vergleich der Wanderneigung und Wandergrenzen verschiedener Lagerbauformen

Die am Außenring ermittelte Wandergrenze ($F_{r,Grenz}$ = 3,4 kN) korreliert gut mit den Experimenten aus [20] ($F_{r,Grenz}$ = 3,8 kN). Für den Innenring liegen keine vergleichbaren experimentellen Ergebnisse vor.

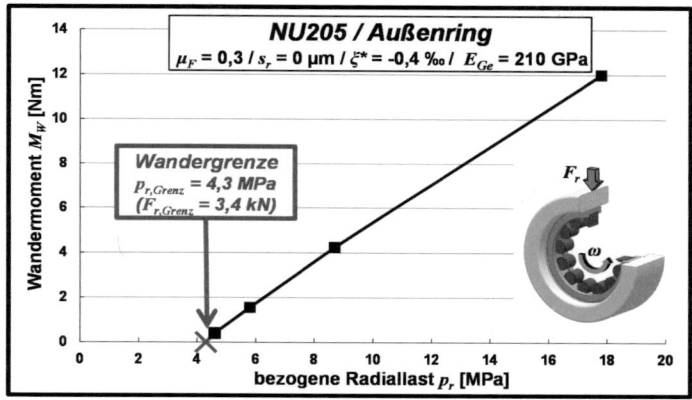

Bild 5-3: Wandermomente des Außenringes des Zylinderrollenlagers NU205 bei Variation der Radiallast

5.2.2 Keramik-Zylinderrollenlager NU205 Keramik

Keramikwälzlager werden in den Bereichen der Technik eingesetzt, in denen der Einsatz metallbasierter Wälzlager aufgrund der Betriebsbedingungen nicht möglich ist. Bei Hybrid- und Keramikwälzlagern wird bevorzugt Siliciumnitrid (Si_3N_4) als Werkstoff verwendet. Härte, Druckfestigkeit, Verschleißbeständigkeit und Korrosionsbeständigkeit sind bei dieser Industrie-Keramik deutlich höher als bei Wälzlagerstahl. Der gegenüber Stahl größere E-Modul der Keramik (siehe **Tabelle 5-2**) erhöht die Steifigkeit der Lagerringe und reduziert somit die Lagerverformungen unter Last. Dies sollte sich positiv auf die Wanderneigung von Keramiklagern auswirken.

Als negativ ist hingegen einzustufen, dass die aus der höheren Steifigkeit resultierende kleinere Kontaktfläche in der Lagerlaufbahn (HERTZ'sche Kontaktellipse) mit höheren HERTZ'schen Pressung im Wälzkontakt einhergeht. Hieraus resultieren auch die deutlich geringeren Tragzahlen von Keramiklagern gegenüber den baugleichen Stahlausführungen.

Tabelle 5-2: Materialkennwerte von Wälzlagerwerkstoffen [49]

Material	E-Modul E [N/mm²]	Querkontraktionszahl v [-]
100Cr6 (Stahl)	210000	0,30
Si_3N_4 (Keramik)	320000	0,27

5 Vergleich der Wanderneigung und Wandergrenzen verschiedener Lagerbauformen

Um den Einfluss des Wälzlagerwerkstoffes zu untersuchen, wurde das im Keramik-Segment handelsübliche Zylinderrollenlager NU205 Keramik (Bild 5-1) mit dem rein elastischen Materialverhalten von Siliciumnitrid (Si_3N_4) simuliert. **Bild 5-4** zeigt hierfür die Wandergrenze des Innen- und des Außenringes aus Platzgründen im Folgenden in einem Diagramm. In beiden Fällen beginnt das Keramiklager im Vergleich zur Stahlvariante (Kap. 5.2.1) erst bei höheren Radialbelastungen zu Wandern (Wandergrenze). Zudem ist die Wanderneigung (Anstieg des Wandermomentes bei Überschreitung der wanderkritischen Radiallast) deutlich geringer.

Beim Lesen des Diagramms ist zwingend zu beachten, dass die bezogenen Radialbelastungen $p_{r,Grenz}$ für Innen- und Außenring im Gegensatz zur Radiallast $F_{r,Grenz}$ nicht direkt miteinander vergleichbar sind (vergl. Kap. 1.2.4).

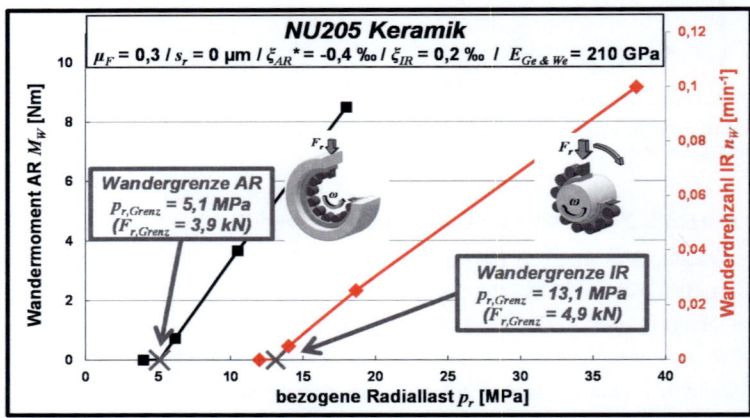

Bild 5-4: Wandermomente des Keramik-Außenringes sowie Wanderdrehzahlen des Keramik-Innenringes des Zylinderrollenlagers NU205 Keramik bei Variation der Radiallast

5.2.3 Rollenhülse RH 48x32x12

Hülsenlager weisen die kleinstmögliche radiale Bauhöhe aller Lagerarten auf. Nadelhülsen und Nadelbüchsen sind nach DIN 618 [50] genormt. Die dünnwandige Außenhülse (AH) ist im Gegensatz zum Außenring eines massiven Lagers spanlos geformt. Im Zuge des Umformungsprozesses wird der Käfig samt den Wälzkörpern montiert und durch den letzten Verformungsschritt unlösbar mit der Außenhülse verbunden. Diese Lagerart ermöglicht infolge des fehlenden Innenringes eine bauraumsparende und montagefreundliche Lagerung. Weiterhin zeichnen sich Hülsenlager durch eine hohe radiale Tragfähigkeit aus. Grundvoraussetzung für den Einsatz von

Hülsenlagern ist eine im Bereich der Wälzkörperlaufbahn gehärtete und geschliffene Welle.

In diesem Kapitel soll eine Sonderbauform der Hülsenlager - die Rollenhülse – untersucht werden, da diese Bauform mit den Abmaßen der Referenz NU205 vergleichsweise gut korreliert. So sind z.B. die Tragzahlen C sowie die Wälzkörper in Form und Anzahl ähnlich. Rollenhülsen werden von der Firma INA der SCHAEFFLER TECHNOLOGIES GMBH & CO. KG als ungenormtes Sonderlager angeboten. Die Bauform wird nach Kundenwunsch ausgelegt. In diesem Fall handelt es sich um eine Rollenhülse RH 48x32x12 ($D_a \times d_i \times B$), wie sie typischerweise in Getrieben als Loslagerung zum Einsatz kommt (**Bild 5-5**).

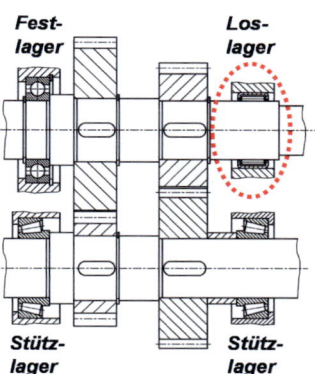

Bild 5-5: Simulierte Lagervariante RH 48x32x12 im Teilschnitt (links) sowie 2-Wellengetriebe nach Stand der Technik, Loslagerung per Rollenhülse (rechts, nach [51])

In **Bild 5-6** werden zunächst die Ergebnisse zur Berechnung der Wandergrenze unter den in diesem Kapitel gewählten Referenzbedingungen (vergl. Tabelle 5-1) gezeigt. Aufgrund der kleineren Wandstärke der Außenhülse stellt sich dabei erwartungsgemäß eine deutlich geringere Wandergrenze im Vergleich zum Referenzlager NU205 ein. Die ermittelte Wandergrenze ($F_{r,Grenz}$ = 0,7 kN) korreliert dabei mit dem von BABBICK [20] experimentell ermittelten Wert $F_{r,Grenz}$ = 0,8 kN.

Im Gegensatz zu den typischen Spiel-Passungs-Empfehlungen bei punktlastigen Lagerringen von Radiallagern gibt der Lagerhersteller für Rollenhülsen eine Übermaß-Passung im Bereich 0,4 ‰ < ξ < 2 ‰ vor. Daher wurden weitere Untersuchungen unter den angegebenen Bedingungen durchgeführt, welche die bisherigen Erkenntnisse stützen, dass eine Übermaß-Passung die Wanderneigung deutlich reduziert (vergl. Bild 4-11).

Bei Verwendung des angegebenen Mindest-Übermaßes $\xi = 0{,}4$ ‰ tritt ein Wandern erst ab einer sehr hohen Radialbelastung $p_{r,Grenz}$ = 18,5 MPa ein. Bei Einstellung eines Übermaßes von $\xi = 1{,}0$ ‰ ist selbst bei Erreichen der dynamischen Tragzahl p_r = 49 MPa bzw. C_r = 28,2 kN keine Wanderneigung detektierbar (Bild 5-6).

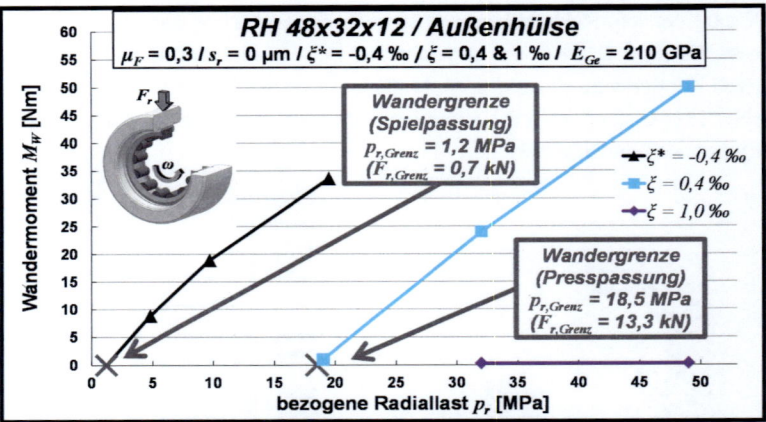

Bild 5-6: Wandermomente der Rollenhülse RH 48x32x12 bei Variation der Fugenpassung sowie der Radiallast

5.2.4 Rillenkugellager 6205

Ein typischer Vertreter der Radiallager ist das Rillenkugellager (RiKuLa) (**Bild 5-7**).

Bild 5-7: Simulierte Lagervariante Rillenkugellager 6205 im Teilschnitt

Das untersuchte Lager 6205 besitzt die identischen Außenabmessungen wie das Referenzlager NU205 (vergl. Tabelle 2-1), weist aber bauform- bzw. käfigbedingt eine geringere Anzahl an Wälzkörpern auf. Dies muss per se zu einer höheren Wanderneigung bzw. zu einer geringeren Wandergrenze führen (vergl. Bild 4-6), wie die Ergebnisse des Innen- und Außenringes in **Bild 5-8** bestätigen. In beiden Fällen liegt

5 Vergleich der Wanderneigung und Wandergrenzen verschiedener Lagerbauformen

bei Verwendung identischer Randbedingungen die Wandergrenze bei kleineren Grenzbelastungen $p_{r,Grenz}$ im Vergleich zum Zylinderrollenlager NU205.

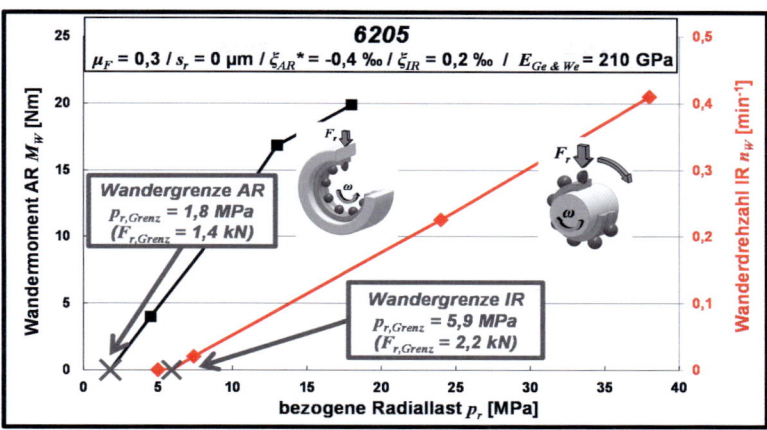

Bild 5-8: Wandermomente des Außenringes sowie Wanderdrehzahlen des Innenringes des Rillenkugellagers 6205 bei Variation der Radiallast

5.2.5 Tonnenlager 20205

Ein weiterer Vertreter der Radiallager ist das Tonnenlager (ToLa) 20205 (**Bild 5-9**).

Bild 5-9: Simulierte Lagervariante Tonnenlager 20205 im Teilschnitt

Aufgrund der starken Bombierung der Wälzkörper weist das Tonnenlager 20205 hinsichtlich des Wälzkörperkontaktes eine Mischung aus Punktkontakt bei geringer radialer Last (F_r < 6 kN) und Linienkontakt bei höherer Belastung auf. Daher liegt die bei geringer radialer Last auftretende Wandergrenze $p_{r,Grenz}$ des Innenringes sowie des Außenringes (**Bild 5-10**) auf dem Niveau des Rillenkugellagers 6205. Hingegen ist die Wanderneigung nach Überschreiten der Wandergrenze bei höherer radialer Last mit dem niedrigeren Niveau des Zylinderrollenlagers NU205 vergleichbar.

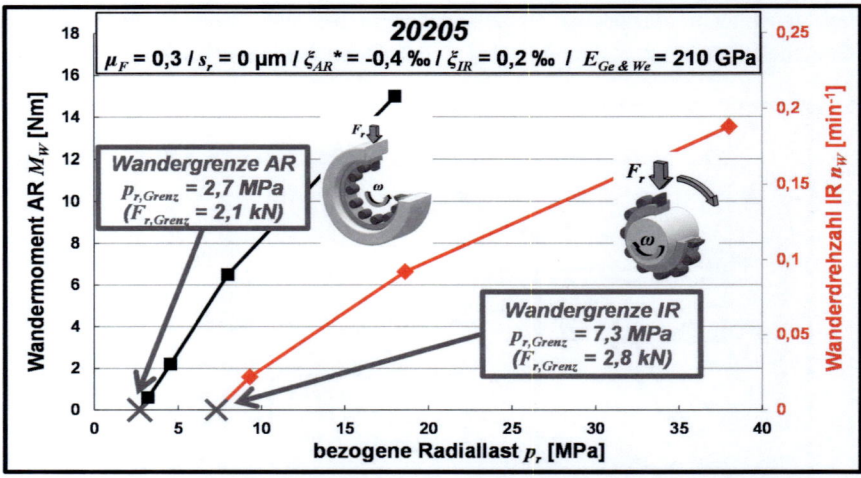

Bild 5-10: Wandermomente des Außenringes sowie Wanderdrehzahlen des Innenringes des Tonnenlagers 20205 bei Variation der Radiallast

5.2.6 Kegelrollenlager 30205

Ein weiterer Vertreter der Radiallager ist das Kegelrollenlager (KeRoLa). Aufgrund seiner Geometrie kann das Lager neben den radialen auch hohe axiale Lasten aufnehmen (**Bild 5-11**).

Bild 5-11: Simulierte Lagervariante Kegelrollenlager 30205 im Teilschnitt

Die axiale Tragfähigkeit hängt dabei vom Druckwinkel α (**Bild 5-12**) ab. Je größer der Druckwinkel α desto größer ist die übertragbare Axialkraft. Die Radialkraft bewirkt zudem eine zusätzliche axiale Reaktionskraft im Wälzlager. Daher setzt sich die innere Lagerbelastung aus der axialen Kontaktkraft $F_{K,a}$ und der radialen Kontaktkraft $F_{K,r}$ zusammen, welche mit Hilfe des Druckwinkels α aus der äußeren Radialkraft F_r gebildet wird.

5 Vergleich der Wanderneigung und Wandergrenzen verschiedener Lagerbauformen

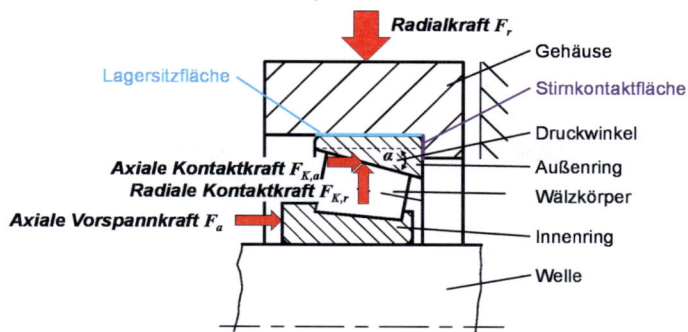

Bild 5-12: Definition der Lagergeometrie und der wirkenden Kräfte am Kegelrollenlager

Die Ergebnisse für die Wandergrenze des Innen- und Außenringes (**Bild 5-13**) offenbaren eine geringere Wanderneigung sowie eine deutlich höhere Wandergrenze gegenüber der Referenz NU205. Dass der IR im Vergleich zum AR eine geringere Grenzbelastung $F_{r,Grenz}$ aufweist, ist mit der geringeren Wandstärke des IR gegenüber dem AR zu begründen. Je dünnwandiger ein Lagerring ist, desto höher ist dessen Wanderneigung (vergl. Bild 4-6).

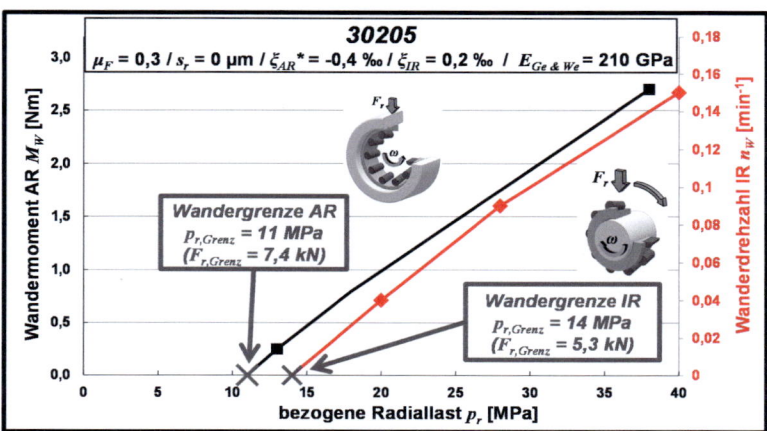

Bild 5-13: Wandermomente des Außenringes sowie Wanderdrehzahlen des Innenringes des Kegelrollenlagers 30205 ohne äußere axiale Vorspannung ($F_a = 0$) bei Variation der Radiallast

Grundsätzlich zeigt sich, dass durch den für diese Lagerung notwendigen Stirnkontakt die übertragbaren Reibkräfte im Lagersitz höher sind und somit die Wanderneigung gegenüber der Referenz NU205 verringert wird. In den durchgeführten Simula-

5 Vergleich der Wanderneigung und Wandergrenzen verschiedener Lagerbauformen

tionen wurde dabei der gleiche Reibwert für Stirn- und Radialkontakt im Lagersitz $\mu_F = 0{,}3$ angenommen.

Kegelrollenlager können axial eingestellt werden. So wird beispielsweise die Vorspannkraft F_a aufgebracht, um eine spielfreie Lagerung zu gewährleisten. Dabei übt das Verhältnis zwischen axialer Vorspannkraft F_a (oder auch Axialspiel) und Radialkraft F_r einen großen Einfluss auf die WK-Lastverteilung aus (**Bild 5-14**).

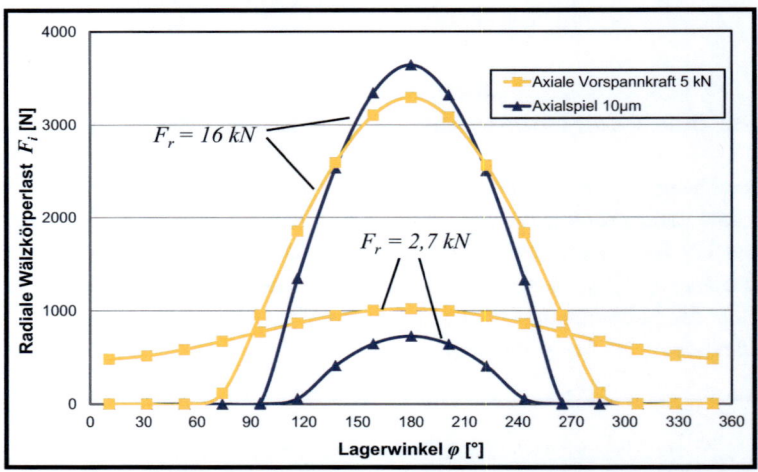

Bild 5-14: Darstellung der WK-Lastverteilung des KeRoLa in Abhängigkeit der Radiallast F_r und der axialen Vorspannung/des axialen Spiels

Bei vorhandenem Axialspiel ist die Lastzone kleiner als im vorgespannten Fall. Bei hoher Vorspannung des Lagers vergrößert sich die Lastzone und die Anzahl der sich im Eingriff befindlichen WK steigt. Dieser Effekt verstärkt sich, wenn das Verhältnis von Radial- zu Axiallast kleiner wird. Bei einem Belastungsverhältnis von $F_r = 2{,}7$ kN und hoher axialer Vorspannkraft von $F_a = 5$ kN sind in diesem Fall alle WK des KeRoLa im Eingriff. Aufgrund der genannten Besonderheiten wurden für das KeRoLa zusätzliche Untersuchungen mit axialer Vorspannkraft F_a (bzw. Axialspiel) durchgeführt.

In **Bild 5-15** sind die Ergebnisse für den Innenring in Abhängigkeit von Radial- und Axialkraft dargestellt. Das stark vorgespannte Lager ($F_a = 5$ kN) weist die geringste Wanderneigung auf. Wie in Bild 5-14 bereits gezeigt, teilt sich durch die axiale Vorspannung die Lagerlast auf eine größere Anzahl von WK auf, was zu einer Reduzierung der Wanderneigung führt (vergl. Kap. 4.2.3). Daraus erklären sich auch die Verläufe bei mittlerer Vorspannkraft $F_a = 2{,}5$ kN, ohne Vorspannkraft $F_a = 0$ kN sowie bei axialem Spiel $S_a = 10$ µm (ebenfalls Vorspannkraft $F_a = 0$ kN).

5 Vergleich der Wanderneigung und Wandergrenzen verschiedener Lagerbauformen

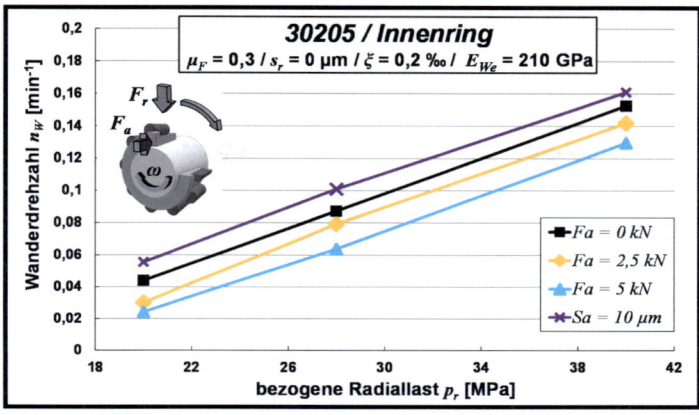

Bild 5-15: **Wanderdrehzahlen des Innenringes** des Kegelrollenlagers 30205 in Abhängigkeit von der Radiallast und der axialen Vorspannung F_a bzw. dem axialen Spiel S_a

In **Bild 5-16** sind die qualitativ ähnlichen Verläufe für den KeRoLa-AR dargestellt. Der einzige Unterschied ergibt sich bei Verwendung des Axialspiels S_a = 10 µm, da hier die Wanderneigung geringer ist als bei der Referenz ohne axiale Vorspannung (F_a = 0 kN). Dieser ungewöhnliche Verlauf ist ebenfalls anhand von Bild 5-14 erklärbar. Durch die in diesem Fall geringere Anzahl tragender WK ist der Fugendruck im Lastbereich tendenziell höher als bei axial verspannten Lagerringen. Daher besitzt der Fugendruck in den wanderkritischen Bereichen zwischen den WK ein höheres Niveau und es sind höhere Reibschubspannungen im Lagersitz übertragbar. Infolge dessen stellt sich eine geringere Wanderneigung ein.

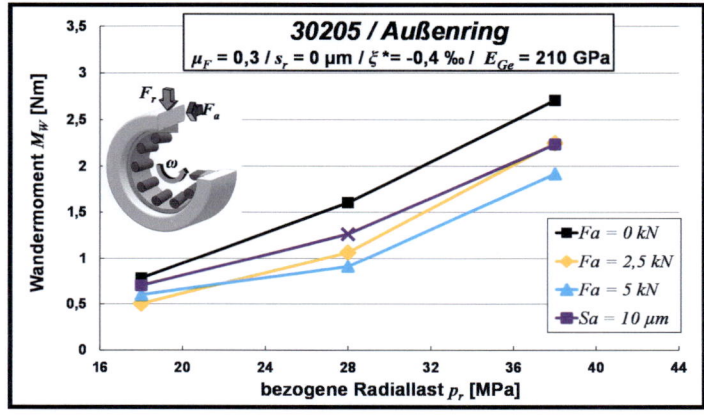

Bild 5-16: **Wandermomente des Außenringes** des Kegelrollenlagers 30205 in Abhängigkeit von der Radiallast und der axialen Vorspannung F_a bzw. dem axialen Spiel S_a

5.2.7 Schrägkugellager 7205

Schrägkugellager stellen eine Sonderbauform der Rillenkugellager dar. Sie besitzen gegeneinander versetzt angeordnete Laufbahnen im Innen- und Außenring (**Bild 5-17**) woraus ein Druckwinkel $\alpha = 40°$ resultiert. Schrägkugellager sind daher besonders für kombinierte axiale und tangentiale Belastungen geeignet.

Bild 5-17: Simulierte Lagervariante Schrägkugellager 7205 im Teilschnitt

In **Bild 5-18** werden die Wandergrenzen sowie die Wanderneigungen für den Innen- und den Außenring gezeigt. Bei beiden Ringen ist die Wandergrenze $p_{r,Grenz}$ gegenüber dem Zylinderrollenlager NU205 vergleichsweise hoch und die Wanderneigung klein. Grund hierfür ist die große Wälzkörperanzahl und im Besonderen der bei diesem Lagertyp erforderliche axiale Stirnkontakt. Infolge des vorhandenen Lagerdruckwinkels bewirkt eine radiale Lagerlast eine resultierende axiale Reaktionskraft im Wälzlager (vergl. Kap. 5.2.6), wodurch am Stirnkontakt zusätzliche Reibkräfte übertragen werden können. Dies führt zu einer Reduzierung der Wanderneigung bzw. zu einer Erhöhung der Wandergrenze.

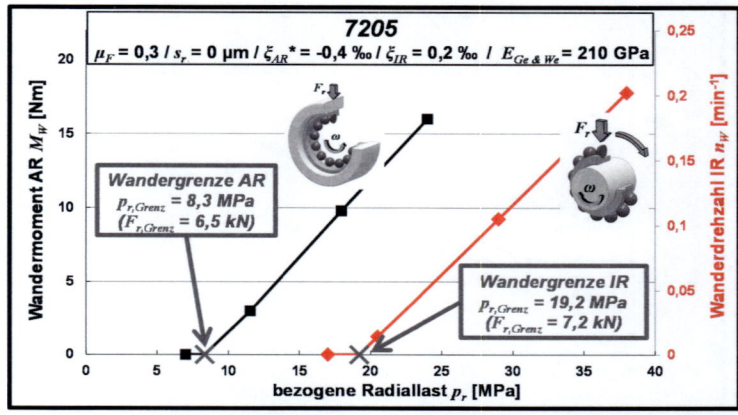

Bild 5-18: Wandermomente des Außenringes sowie Wanderdrehzahlen des Innenringes des Schrägkugellagers 7205 bei Variation der Radiallast

5.3 Lagergröße

5.3.1 Zylinderrollenlager Baureihe 05 (d_i = 25 mm)

In Kap. 5.2.1 wurden die Ergebnisse für das Lager NU205 bereits vorgestellt. Die Wandergrenze beträgt beim Innenring $p_{r,Grenz}$ = 11,1 MPa bzw. $F_{r,Grenz}$ = 4,2 kN sowie beim Außenring $p_{r,Grenz}$ = 4,3 MPa bzw. $F_{r,Grenz}$ = 3,4 kN.

5.3.2 Zylinderrollenlager Baureihe 16 (d_i = 80 mm)

Das ZyRoLa NU216 weist eine höhere bezogene Grenzbelastung $p_{r,Grenz}$ bezüglich Wandern auf als das Referenzlager NU205. Die Radialbelastung zum Beginn des Wanderns beträgt beim Innenring $p_{r,Grenz}$ = 12,1 MPa bzw. $F_{r,Grenz}$ = 25,2 kN. Auch der Außenring des NU216 beginnt im Vergleich zum NU205 erst bei einer geringfügig höheren bezogenen Radiallast zu wandern (**Bild 5-19**). Auch hier existiert eine gute Übereinstimmung zwischen der simulativ ermittelten Wandergrenze ($F_{r,Grenz}$ = 18,6 kN) und dem von BABBICK [20] experimentell ermittelten Wert $F_{r,Grenz}$ ≈ 16 kN. Für den Innenring liegen keine vergleichbaren experimentellen Ergebnisse vor.

Bezogen auf die projizierte Fläche des Lagersitzes ermöglicht der Innenring des NU216 eine um 9 % und der Außenring eine um 18 % höhere Grenzbelastung im Vergleich zum NU205. Dies ist primär auf die steigende Wälzkörperanzahl bei zunehmender Lagergröße zurückzuführen.

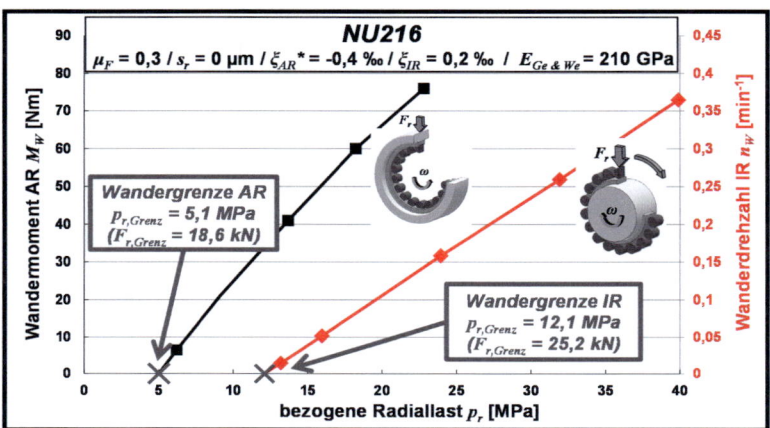

Bild 5-19: Wandermomente des Außenringes sowie Wanderdrehzahlen des Innenringes des Zylinderrollenlagers NU216 bei Variation der bezogenen Radiallast

5.3.3 Zylinderrollenlager Baureihe 20 (d_i = 100 mm)

Das ZyRoLa NU220 weist in Bezug auf die untersuchten Lagergrößen die größten Grenzbelastungen bezüglich Wandern auf. So beträgt die bezogene Grenzbelastung am Innenring $p_{r,Grenz}$ = 12,5 MPa und am Außenring $p_{r,Grenz}$ = 5,5 MPa (**Bild 5-20**). Auch hier ist u.a. die höhere Wälzkörperanzahl im Vergleich zu NU205 und NU216 der ausschlaggebende Parameter.

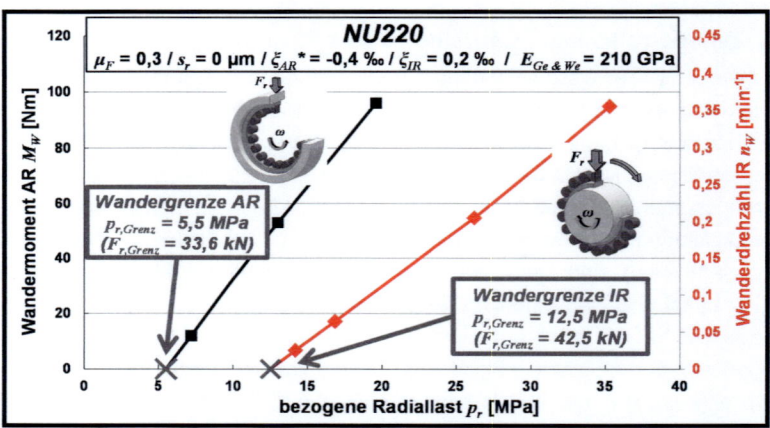

Bild 5-20: Wandermomente des Außenringes sowie Wanderdrehzahlen des Innenringes des Zylinderrollenlagers NU220 bei Variation der bezogenen Radiallast

5.3.4 Zylinderrollen-Großlager NU29/530 (d_i = 530 mm)

Obwohl das Zylinderrollen-Großlager NU29/530 die mit Abstand größte Wälzkörperanzahl besitzt, weist dieser Lagertyp im Vergleich zu den anderen untersuchten Lagern die kleinsten Grenzbelastungen bezüglich Wandern auf. So beträgt die bezogene Grenzbelastung am Innenring $p_{r,Grenz}$ = 2,5 MPa und am Außenring $p_{r,Grenz}$ = 1,05 MPa (**Bild 5-21**).

Diese im Vergleich kleinen Grenzwerte sind primär auf die mit zunehmender Lagergröße abnehmende Wandstärke der Lagerringe zurückzuführen (vergl. Kap. 4.2.3). **Bild 5-22** veranschaulicht diesen Zusammenhang durch die Gegenüberstellung des Durchmesserverhältnisses der untersuchten Außen- und Innenringe $Q_{a\ bzw.\ i}$ mit dem jeweiligen Ringdurchmesser. Hierbei gilt: Je größer das Durchmesserverhältnis Q ist, desto dünnwandiger ist der Lagerring. Somit weist das Zylinderrollen-Großlager NU29/530 die dünnwandigsten Lagerringe in Bezug auf die untersuchten Lager auf.

5 Vergleich der Wanderneigung und Wandergrenzen verschiedener Lagerbauformen

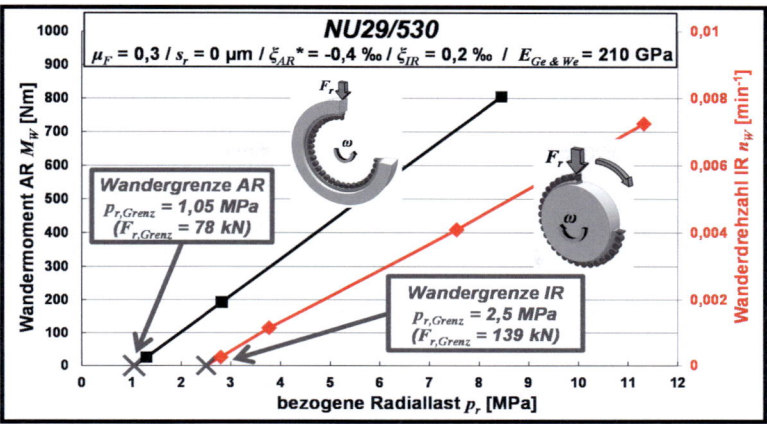

Bild 5-21: Wandermomente des Außenringes sowie Wanderdrehzahlen des Innenringes des Zylinderrollen-Großlagers NU29/530 bei Variation der bezogenen Radiallast

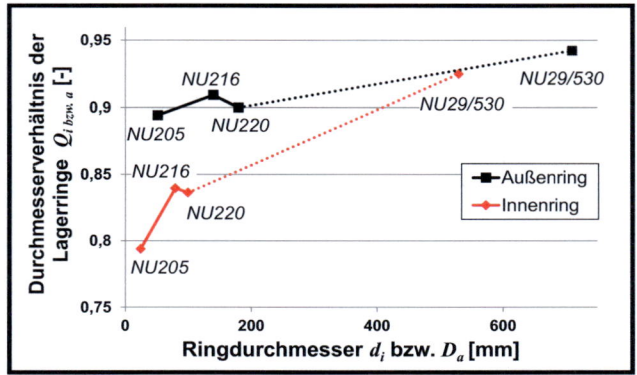

Bild 5-22: Durchmesserverhältnisse Q der untersuchten Außen- und Innenringe in Abhängigkeit des Ringdurchmessers

5.4 Schlussfolgerungen

In **Tabelle 5-3** werden alle untersuchten Lagertypen der Baureihe 05 miteinander verglichen. Es zeigt sich, dass das Kegelrollenlager 30205 und das Schrägkugellager 7205 unter den gegebenen Bedingungen die höchsten Grenzbelastungen bezüglich Wandern aufweisen. Dies begründet sich bei beiden Lagertypen mit der bauartbedingten Axialkraftkomponente, mit welcher höhere übertragbare Reibschubspannungen infolge des zusätzlichen Stirnkontaktes einhergehen.

Das Kegelrollenlager zeigt dabei die geringste Wanderneigung bei Überschreitung der Wandergrenze, wodurch schädliches Wandern erst bei sehr hohen Lagerlasten

5 Vergleich der Wanderneigung und Wandergrenzen verschiedener Lagerbauformen

zu erwarten ist. Neben dem KeRoLa ist die untersuchte Rollenhülse bei Einhaltung der herstellerseitig vorgeschlagenen Übermaß-Passung im Lagersitz eine geeignete Loslager-Alternative zu den weiteren Lagerbauformen.

Tabelle 5-3: Abweichungen von der Wandergrenze für alle untersuchten Lagerbauformen der Baureihe 05 (Randbedingungen nach Tabelle 5-1)

Lager	Abweichung von der Wandergrenze des Referenzlagers [%]			
	Innenring		Außenring	
NU205 (Referenz)	Referenz	$p_{r,Grenz} = 11{,}1$ MPa $(C/P = 8{,}2)$	Referenz	$p_{r,Grenz} = 4{,}3$ MPa $(C/P = 10{,}1)$
NU205 Keramik	+ 17 %	$p_{r,Grenz} = 13{,}1$ MPa $(C/P = 4{,}4)$	+ 14 %	$p_{r,Grenz} = 5{,}1$ MPa $(C/P = 5{,}5)$
RH 48x32x12	-	-	- 72 %	$p_{r,Grenz} = 1{,}2$ MPa $(C/P = 31{,}3)$
6205	- 48 %	$p_{r,Grenz} = 5{,}9$ MPa $(C/P = 6{,}4)$	- 58 %	$p_{r,Grenz} = 1{,}8$ MPa $(C/P = 10)$
7205	+ 72 %	$p_{r,Grenz} = 19{,}2$ MPa $(C/P = 2{,}0)$	+ 93 %	$p_{r,Grenz} = 8{,}3$ MPa $(C/P = 2{,}3)$
20205	- 34 %	$p_{r,Grenz} = 7{,}3$ MPa $(C/P = 8{,}6)$	- 38 %	$p_{r,Grenz} = 2{,}7$ MPa $(C/P = 11{,}4)$
30205	+ 26 %	$p_{r,Grenz} = 14$ MPa $(C/P = 6{,}0)$	+ 155 %	$p_{r,Grenz} = 11$ MPa $(C/P = 4{,}3)$

Bild 5-23 zeigt den Einfluss der Lagergröße auf die Wandergrenze.

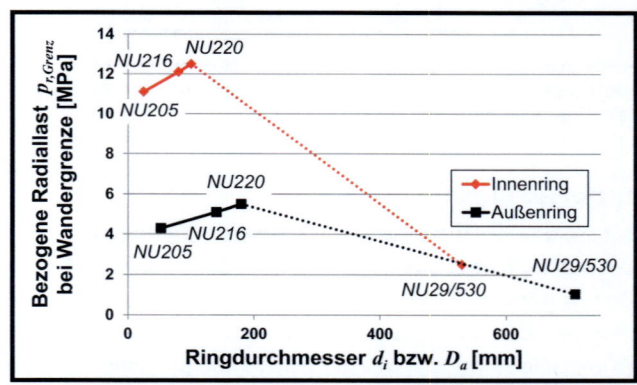

Bild 5-23: Bezogene Radiallast $p_{r,Grenz}$ bei Erreichen der Wandergrenze in Abhängigkeit des Lagerringdurchmessers d_i bzw. D_a (Randbedingungen nach Tabelle 5-1)

5 Vergleich der Wanderneigung und Wandergrenzen verschiedener Lagerbauformen

Die Ergebnisse zeigen, dass bei Bezug auf die projizierte Fläche des Lagersitzes die Lager bis zur Baureihe 20 mit zunehmender Größe eine steigende radiale Grenzbelastung aufweisen, d.h. dass größere Lager tendenziell nicht so anfällig für Wandern sind wie kleinere Lager derselben Bauform. Eine Ausnahme bildet dabei das untersuchte Zylinderrollen-Großlager NU29/530, welches aufgrund seiner dünnwandigen Lagerringe eine deutlich geringere radiale Grenzbelastung besitzt. Ein Baugrößeneinfluss ist somit vorhanden, wobei aber keine allgemeingültige Aussage zu dessen Verlauf getroffen werden kann.

Zum Größeneinfluss existieren in [20] auch experimentelle Untersuchungen mit den Lagern NU205 und NU216. Die Interpretation der Ergebnisse führt zur Aussage, dass größere Lager kritischer bezüglich Wandern sind. Jedoch liegt bei dieser Aussage der Fokus auf der Größe der Wanderbewegungen. Wertet man die experimentellen Ergebnisse hingegen hinsichtlich der Wandergrenze aus, so bestätigt sich die oben getroffene Aussage, dass kleinere Lager kritischer sind. **Bild 5-24** zeigt hierzu die experimentellen Ergebnisse als Ringwanderdrehzahl bzw. -geschwindigkeit v_w über der maximalen Pressung ph_{maxAR} im Wälzkontakt des Außenringes. Bei Extrapolation der Verläufe wird deutlich, dass beide Lager eine ähnliche maximale Pressung ph_{maxAR} beim Erreichen der Wandergrenze aufweisen. Umgerechnet auf die bezogenen Radiallast p_r ergibt sich ein $p_{r,Grenz} \approx 4{,}8$ MPa für das Lager NU205 sowie ein $p_{r,Grenz} \approx 5{,}7$ MPa für das Lager NU216. Somit beginnt das Wandern beim NU216 erst bei einer höheren bezogenen Belastung.

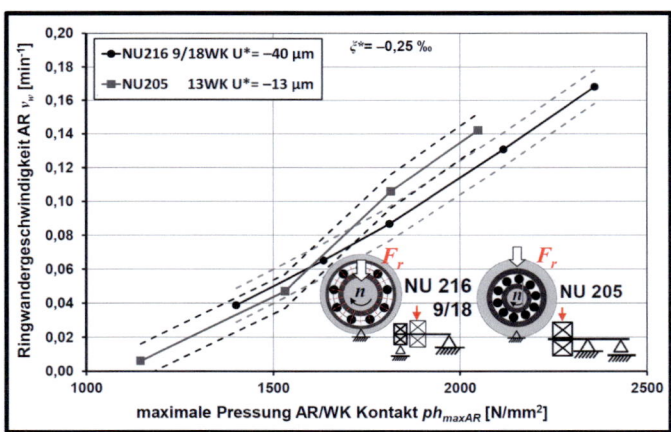

Bild 5-24: Am Lageraußenring ermittelter Größeneinfluss auf die Wandergrenze anhand der Ringwandergeschwindigkeit v_w ($\hat{=}$ Wanderdrehzahl n_w, vergl. Kap. 2.2.9.2) über der maximalen Pressung im Wälzkontakt ph_{maxAR}; E_{Ge} = 170 GPa; Punktlast; bezogenes Fugenspiel $\xi^* = -0{,}25‰$ [20]

6 Maßnahmen zur Reduzierung von Wandereffekten

6.1 Allgemeines

Im folgenden Kapitel werden verschiedene Möglichkeiten zur Reduzierung bzw. Eliminierung der Wanderneigung vorgestellt. Dabei wird neben gestalterischen Maßnahmen (geometrische Optimierung von Lager und Anschlussgeometrie) auch auf konstruktive und tribologische Lösungen eingegangen. Die Gegenüberstellung von simulativen und experimentellen Ergebnissen wird - wenn möglich - durchgeführt, um die Verifikation der Simulationsergebnisse sicherzustellen.

6.2 Gestalterische Maßnahmen

Die in Kap. 4 und 5 vorgestellten Ergebnisse erlauben die gezielte Verringerung der Wanderneigung bzw. das Verhindern von Wandern von Wälzlagerringen unter Punktlast und Umfangslast anhand der gestalterischen Optimierung der Lagerung. **Bild 6-1** fasst die relevanten Einflussgrößen zusammen und bewertet diese qualitativ. Dabei ist eine Einstellung bzw. die Erhöhung der Pressung nach wie vor die wirksamste Maßnahme, welche jedoch nicht immer realisierbar ist.

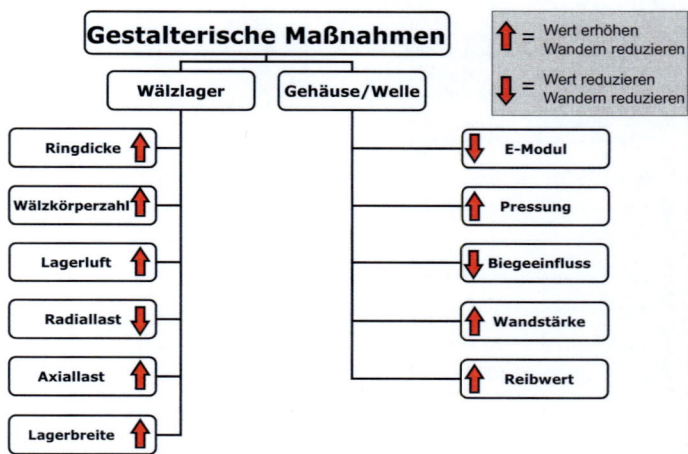

Bild 6-1: Übersicht und Bewertung der gestalterischen Maßnahmen gegen Wandern

Für den Anwender ist dabei immer die Wechselwirkung der einzelnen Maßnahmen mit systembedingten Randbedingungen zu beachten (**Bild 6-2**).

6 Maßnahmen zur Reduzierung von Wandereffekten

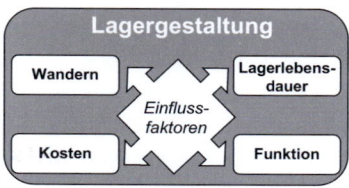

Bild 6-2: Übersicht der Wechselwirkungen elementarer Einflussfaktoren zur Lagergestaltung

So verringert z.B. eine Erhöhung der Lagerluft neben der Wanderneigung auch die Lager-Lebensdauer L_h. Ebenso kann bei Erhöhung des Übermaßes und/oder des Reibwertes im Lagersitz die axiale Verschiebbarkeit und somit eine Teilfunktion des Lagers eingeschränkt werden. Die kostenseitigen Auswirkungen von konstruktiven Lösungen sind darüber hinaus als Einflussfaktor zu betrachten.

Weiterhin entstehen Wechselwirkungen bei Kombination der verschiedenen konstruktiven Maßnahmen. **Bild 6-3** zeigt dies an der Kombination aus höherem Fugenspiel ξ^* und niedrigerem Gehäuse-E-Modul E_{Ge}. Beide Maßnahmen führen bei separater Anwendung jeweils zu einer deutlichen Verringerung des Wandermomentes. Bei erhöhten Fugenspiel kommt dabei der Effekt der Lastzonenverkleinerung zum Tragen (vergl. Bild 4-12), während der kleinere E-Modul eine bessere Einbettung des Lagerringes bewirkt (vergl. Bild 4-5). Bei kombinierter Anwendung ist der wanderreduzierende Effekt des höheren Fugenspiels deutlich schwächer, da das weiche Gehäuse (E_{Ge} = 70 GPa) eine Verkleinerung der Lastzone nur bedingt zulässt.

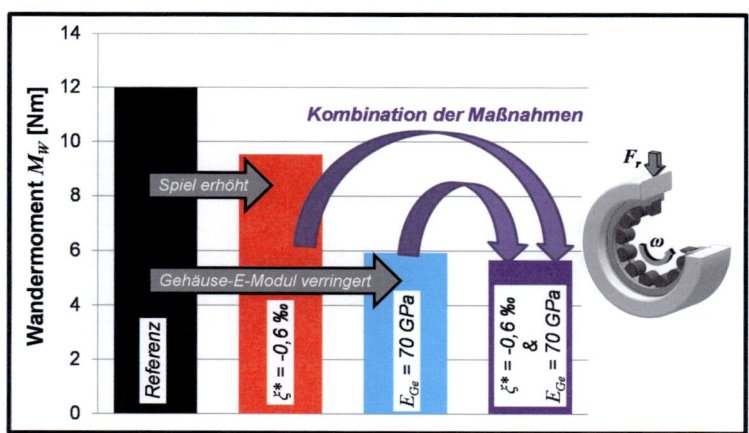

Bild 6-3: Änderung des Wandermomentes bei Variation des bezogenen Fugenspiels ξ^* und des Gehäuse E-Moduls (E_{Ge}) (Referenzdaten: NU205; bezogene Radiallast p_r = 18 MPa; Reibwert Fuge μ_F = 0,3; Lagerluft s_r = 0 µm; ξ^* = -0,4 ‰; E_{Ge} = 210 GPa; Gehäusewandstärke Q_A = 0,69)

6 Maßnahmen zur Reduzierung von Wandereffekten

Eine weitere gestalterische Maßnahme ist die Auswahl einer geeigneten Lagerbauform. Hierbei stellen das Kegelrollenlager (KeRoLa) und das Schrägkugellager (ScKuLa) die Bauformen mit der höchsten Wandergrenze (**Bild 6-4**) dar. Das Zylinderrollenlager (ZyRoLa) sowie das Tonnenlager (ToLa) weisen niedrigere Grenzbelastungen auf und sind daher anfälliger gegen Wandern. Am ungünstigsten sind Rillenkugellager.

Bild 6-4: Bewertung der Lagerbauformen hinsichtlich ihrer Wandergrenze

6.3 Konstruktive Maßnahmen

Falls eine wanderfreie Auslegung eines Lagers beispielsweise belastungsbedingt nicht möglich ist, so sind zusätzliche Maßnahmen zur Reduzierung bzw. Vermeidung von Wanderbewegungen unumgänglich. Hierzu werden im Folgenden verschiedene Lösungen vorgestellt und hinsichtlich ihrer Wirksamkeit untersucht.

6.3.1 Maßnahmen am Gehäuse

Als mögliche Abhilfemaßnahme gegen Wandern wurde nach den in Bild 4-4 gezeigten Erkenntnissen (Wanderneigung sinkt bei Reduzierung des Gehäuse-E-Moduls) die in [52] als Vibrationsabsorber vorgestellte Lösung eines „*Flexiblen Dünnschichtigen Dämpfungsringes*"[1] (FDD) zwischen Gehäuse und Lagerring (**Bild 6-5, links**) simuliert. Damit soll der Einfluss des für dynamisch belastete Lager als Schwingungsdämpfung eingeführten FDD auf die Wanderbewegung untersucht werden. Durch die geringe Wandstärke des untersuchten FDD (100 µm $\leq s \leq$ 300 µm) ist die Modellbildung sehr aufwändig, da vor allem die Vernetzung für diesen Bereich sehr kleine Elemente erfordert.

[1] Obwohl der „*Dämpfungsring*" hier in einem anderen Zusammenhang genutzt wird und rein formal eine neue Bezeichnung erhalten sollte, wird im Folgenden die daraus abgeleitete Kurzbezeichnung „*FDD*" der Einfachheit halber beibehalten.

6 Maßnahmen zur Reduzierung von Wandereffekten

Trotz der sich daraus ergebenden 350.000 Netz-Knoten konvergierte die Simulation problemlos und lieferte physikalisch sinnvolle Ergebnisse. Es wurden unterschiedlich dicke Schichten aus Magnesium und Polyamid in der Kontaktfuge simulativ untersucht. Alle weiteren Komponenten bestehen aus Stahl. Das Gehäuse besteht dabei aus einem partitionierten Kontinuum (Bild 6-5, rechts), welches die beiden Materialbereiche mit den in **Tabelle 6-1** dargestellten Werkstoffkennwerten repräsentiert. Damit wird die Kontaktfuge zwischen FDD und Lagergehäuse vernachlässigt, was einem Verkleben der Kontaktpartner entspricht.

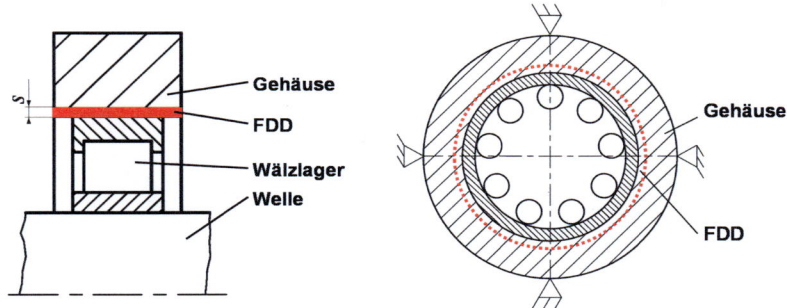

Bild 6-5: Prinzipskizze des FDD (links) und die Partitionierung des Gehäuses (rechts)

Tabelle 6-1: Werkstoffkennwerte für die FDD-Simulationen

Material	E-Modul E [GPa]	Querkontraktionszahl v [-]
Stahl	210	0,30
Magnesium	42	0,32
Polyamid	4	0,35

Die Ergebnisse in **Bild 6-6** zeigen mit abnehmender Steifigkeit des FDD-Werkstoffes eine teilweise deutlich (bis zu 40 %) verringerte Wanderneigung (Wandermoment sinkt gegenüber der Variante ohne FDD). Zusätzlich kann bei der Verwendung von Kunststoff-Metall-Paarungen von einem höheren Reibwert ($\mu_F \approx 0{,}35 - 0{,}45$) ausgegangen werden. Dieser gegenüber den durchgeführten Simulationen höhere Reibwert wurde bei den gezeigten Simulationsergebnissen zur besseren Vergleichbarkeit **nicht berücksichtigt**.

Der gegenläufige Trend für Polyamid mit der Wandstärke s = 300 µm im Vergleich zu s = 200 µm ist auf die verringerte tangentiale Steifigkeit bei 300 µm Wandstärke zurückzuführen. Somit verformt sich das Polyamid infolge der wirkenden Umfangsbelastung sehr stark. Bedingt durch den Modellaufbau (Arretierung des Lagerringes in Umfangsrichtung, Bild 1-4) resultieren daraus erhöhte Wandermomente. Bei freier Rotation des Lagerringes (vergl. Kap. 2.2.9) würde sich die Wanderneigung zwar theoretisch reduzieren, allerdings ist bei den wirkenden Scherbelastungen eine große Verformung des FDD-Materials zu erwarten. Diese kann im realen Einsatzfall zum Versagen der Konstruktion führen.

Bei der Simulation von Magnesium als FDD-Werkstoff werden deutlich die Grenzen dieser Abhilfemaßnahme aufgezeigt. So ist mit den simulierten Werkstoffeigenschaften nur noch eine marginale Verringerung des Wandermomentes erzielbar. Hierbei ist aber zu erwähnen, dass bei der untersuchten Magnesium-Stahl-Paarung mit höheren Reibwerten gerechnet werden kann als bei einer Stahl-Stahl-Paarung. Dieser Einfluss würde zu einer Reduzierung der Wanderneigung führen, wurde aber wiederum aus Gründen der besseren Vergleichbarkeit hier **nicht berücksichtigt**!

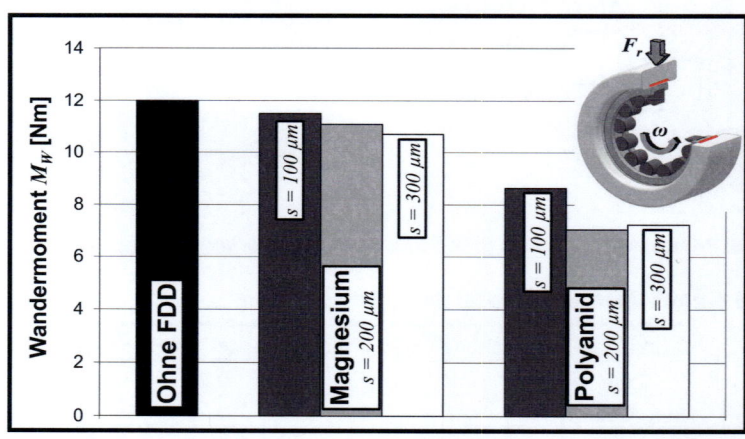

Bild 6-6: **Vergleich der Wandermomente bei unterschiedlichen Wandstärken s und Werkstoffeigenschaften des FDD`s** (NU205; bezogene Radiallast p_r = 18 MPa; Reibwert Fuge μ_F = 0,3; Lagerluft s_r = 0 µm; Fugenspiel ξ^* = -0,4 ‰)

In [16] wurden die simulativen Erkenntnisse mit Hilfe eines Trägergehäuses (E-Modul E_{Ge} = 210 GPa) mit im Lagersitzbereich aufgespritzter Bronzeschicht experimentell untersucht (**Bild 6-7**). Die verwendete Bronze besitzt den E-Modul E = 110 GPa. Bei einem bezogenen Fugenspiel von ξ^* = -0,29 ‰ reduziert sich das Wandermoment M_W bei Einsatz der Bronzeschicht deutlich gegenüber den Gehäusevarianten aus Stahl oder Sphäroguss. Da zu diesen Untersuchungen keine Reibwerte für die verwendete Materialpaarung Bronze (Beschichtung) vs. Stahl (Lagerring) vorlagen, konnte dieser Einsatzfall nicht explizit simulativ nachgebildet werden. Unter Einbeziehung der vorliegenden simulativen Ergebnisse (vergl. Bild 6-6) ist es aber naheliegend, dass der Reibwert im Lagersitz bei Verwendung des Bronze-FDD deutlich höher sein muss als bei den untersuchten Stahl-Stahl-Paarungen.

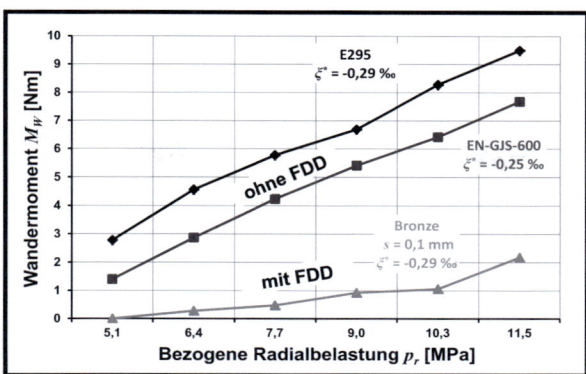

Bild 6-7: Am Außenring experimentell ermittelte Wandermomente M_W über bezogener Radialbelastung p_r bei Variation des Lageranschlusswerkstoffs; NU205 C3 (nach [16])

Der aus der Verwendung der weichen FDD-Materialien Magnesium bzw. Polyamid resultierende radiale Achsversatz ist für alle untersuchten Fälle vernachlässigbar klein (**Bild 6-8**).

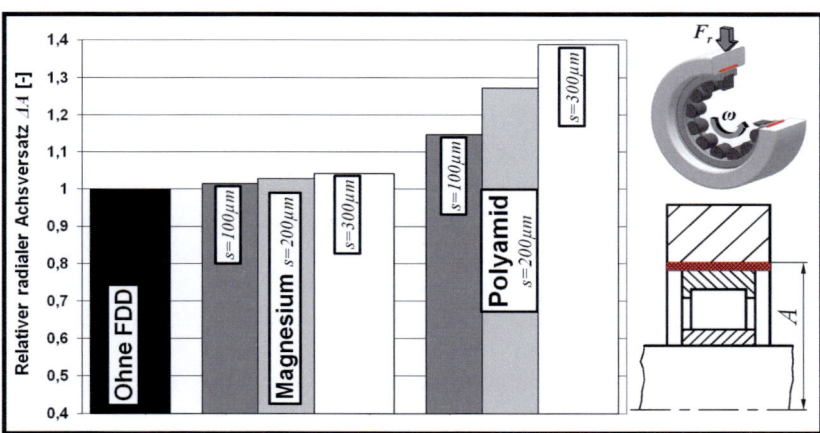

Bild 6-8: Vergleich des maximalen radialen Achsversatzes ΔA bei unterschiedlichen Wandstärken s und Werkstoffen des FDD's (NU205; bezogene Radiallast p_r = 18 MPa; Reibwert Fuge μ_F = 0,3; Lagerluft s_r = 0 µm; Fugenspiel ξ^* = -0,4 ‰)

Bei dem simulativ untersuchten Anwendungsfall mit einem 200 µm dicken Polyamid-FDD beträgt der Versatz ΔA = 25 % bzw. 2 µm und entspricht damit in etwa dem eines Aluminiumvollgehäuses (ΔA = 28 %). Der Modellaufbau (Lagerring - FDD - Gehäuse) lässt sich als Reihenschaltung von Federelementen betrachten.

6 Maßnahmen zur Reduzierung von Wandereffekten

$$c_{ges} = \frac{1}{\dfrac{1}{c_{Lager}} + \dfrac{1}{c_{FDD}} + \dfrac{1}{c_{Ge}}} \qquad (6.1)$$

Demzufolge ist die Gesamtsteifigkeit c_{ges} dieses „Federpaketes" immer kleiner als die Steifigkeit des weichsten Elements, hier c_{FDD}. Somit ist eine überschlägige Auslegung auf Basis des maximal zulässigen Achsversatzes problemlos möglich.

$$\Delta A = \frac{F_r}{c_{FDD}} \qquad (6.2)$$

Die Ergebnisse bei Verwendung eines FDD zeigen das große Potential dieser konstruktiven Abhilfemaßnahme, was insbesondere für den Einsatz des FDD aus Kunststoff gilt. Diese Lösung bietet viele Vorteile, wie z.B. der Schutz vor Reibkorrosion, der hohe Fugen-Reibwert (μ_F = 0,35...0,45 [53]) sowie die einfache Realisierbarkeit. Die entsprechenden Kunststoffringe sind unproblematisch zu fertigen bzw. als Kaufteile zu beziehen. Weiterhin können Normwälzlager genutzt werden. Eine zukünftige umfangreiche experimentelle Absicherung der vielversprechenden Ergebnisse ist jedoch zwingend erforderlich, da speziell die Fließneigung und Betriebsfestigkeit von Kunststoffen nicht unproblematisch ist. Eine mögliche Abhilfemaßnahme stellt dabei die Faserverstärkung des Kunststoffes dar, welche die genannten Probleme unterbinden kann.

Das Verschleißverhalten von FDD-fähigen Oberflächen bei Relativbewegungen beschreiben MÜLLER [54], RASNER [55], ZHOU ET AL. [56], LEIDICH [57] usw. mittels diverser Tribologie-Untersuchungen mit Beschichtungen auf Nickel-, Duroplast oder Flourpolymer(PTFE)-Basis. Einige Beschichtungen wiesen zwar nach dem Versuch völlig verschleißfreie Kontaktflächen auf, die Ergebnisse wurden jedoch mit unterschiedlichen Prüfmechanismen und zumeist unter HERTZ´schen Kontaktbedingungen erzielt, deren Übertragbarkeit auf den wandertypischen Mikroschlupf bei Flächenkontakt noch geprüft werden muss.

Weiterführende Untersuchungen zur Wirkweise und Realisierung von FDD´s sollen in [39] durchgeführt werden.

6.3.2 Wandersperre

Für hochbelastete Lager und wanderkritische Anwendungen ist eine formschlüssige tangentiale Arretierung zur Vermeidung von Relativverschiebungen infolge Wanderns, eine sog. Wandersperre, unumgänglich (**Bild 6-9**).

In **Bild 6-10** sind die Umfangskräfte am Außenring (AR), welche von einer Wandersperre (Formschluss) in Form einer punktuellen Lastableitung aufgenommen werden, dargestellt. Dabei wird zwischen einem steifen Federelement (Referenz) und einem elastischen Federelement als Wandersperre zwischen Außenring und einer raumfesten Arretierung unterschieden.

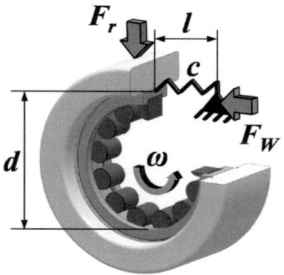

Bild 6-9: Beispielhafter Aufbau einer Wandersperre am Außenring des Zylinderrollenlagers NU205

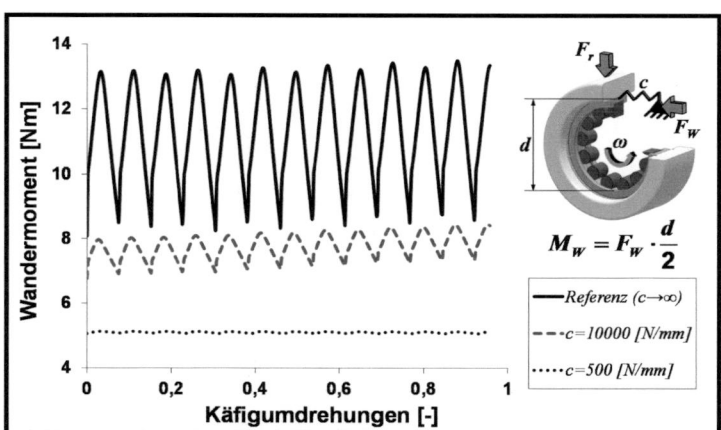

Bild 6-10: Wandermomente am AR in Abhängigkeit von der Elastizität c der Wandersperre (NU205; bezogene Radiallast p_r = 18 MPa; Reibwert Fuge μ_F = 0,3; Lagerluft s_r = 0 µm; Fugenspiel ξ^* = -0,4 ‰)

Das Federelement besitzt eine lineare Federkennlinie und wird durch die Federkonstante c definiert. Es gilt die Federgrundgleichung:

$$c = \frac{F_W}{\Delta l} \tag{6.3}$$

wobei der Federweg Δl der Relativbewegung zwischen Gehäuse und Lagerring (globaler Schlupf) entspricht. Die Ergebnisse zeigen, das eine weiche Wandersperre

6 Maßnahmen zur Reduzierung von Wandereffekten

(c ≤ 500 N/mm²) erheblich geringeren Umfangsbelastungen ausgesetzt ist und somit überlastungssicherer dimensioniert werden kann als eine steife Wandersperre.

Die Wirkungsweise der Wandersperre lässt sich wie folgt beschreiben. Bei Lagerumlauf schiebt jeweils der höchstbelastete Wälzkörper im Bereich der Lasteinleitung eine "Schlupfwelle" vor sich her. Diese entsteht durch die elastische tangentiale Verformung des Lagerringes infolge der Wälzkörperlasten (vergl. Kap. 3). Bei einer Verhinderung der Wanderbewegung (Wandersperre) wird bei steifer Blockierung der Relativbewegungen beider Kontaktpartner eine elastische Vorspannung des Außenringes erzeugt. Infolge dessen entspannen sich nach hinreichender Vorspannung die generierten Umfangsspannungen durch die Überschreitung des Reibschlusses zwischen den Kontakten. Der Lagerring verschiebt sich hierdurch wieder entgegengesetzt zur eigentlichen Wanderrichtung. Die zum Verschiebungszeitpunkt an der Wandersperre aufgrund der Abstützung des Lagerringes entstehenden Spannungsspitzen üben auf diese eine kontinuierliche schwellende Belastung aus. Hieraus erklärt sich auch die schwierige Auslegung bzw. das Versagen solcher Sperren. Ein einfaches Modell zum Verständnis stellt ein Reibklotz dar, welcher zwischen 2 Federn eingespannt ist (**Bild 6-11**).

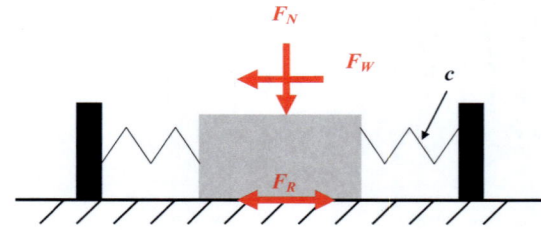

Bild 6-11: **Modell für die Bewegungsvorgänge des Lagerringes bei Verwendung einer Wandersperre**

Der jeweilige Balken zur Arretierung der Federn stellt dabei die Wandersperre, die Feder selbst den unbelasteten und der Klotz den durch die Wälzkörperlasten belasteten Lagerringabschnitt dar. Die Wanderkraft F_W symbolisiert die elastische Verformung des Lagerringes infolge der Wälzkörperlast.

Werden die Umfangskräfte elastisch - z.B. in Form eines weichen Federelements - aufgenommen, so ergeben sich die beschriebenen Effekte in deutlich geringerer Ausprägung. Die durch das Federelement zugelassene Relativverschiebung zwischen Außenring und Gehäuse erlaubt einen Abbau der mit jeder Schlupfwelle einhergehenden Zug- und Druckspannungen im Lagerring. Die von der Wandersperre aufzunehmenden Belastungen sind deutlich geringer, was eine einfache und sichere Auslegung selbiger deutlich erleichtert.

6 Maßnahmen zur Reduzierung von Wandereffekten

Infolge der Elastizität der Wandersperre kann trotz der Unterbindung makroskopischer Wanderbewegungen Schlupf im Lagersitz auftreten Daher wurden die infolge der Wanderneigung auftretenden maximalen Schlupfamplituden im Lagersitz in Abhängigkeit der Federkonstante der Wandersperre untersucht (**Bild 6-12**). Der Schlupf ist dabei von der Schwingungsamplitude der Wanderkraft selbst (vergl. Bild 2-20) sowie der von der Wandersperre zyklisch aufzunehmenden Wanderkraftamplitude (vergl. Bild 6-10) abhängig. Da Letztere mit sinkender Federsteifigkeit c der Wandersperre abnimmt, entwickeln sich für den Verlauf $c \leq 1000$ N/mm² günstigere Schlupfwerte.

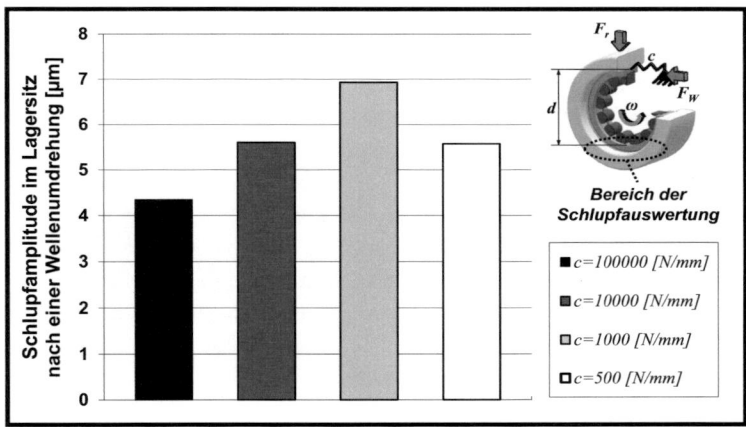

Bild 6-12: Schlupfamplitude zwischen AR und Gehäuse in Abhängigkeit der Federsteifigkeit c bei Verwendung der Wandersperre (NU205; bezogene Radiallast p_r = 18 MPa; Reibwert Fuge μ_F = 0,3; Lagerluft s_r = 0 µm; Fugenspiel ξ^* = -0,4 ‰)

Die ermittelten großen Schlupfwege verdeutlichen die Notwendigkeit einer Oberflächenbeschichtung bzw. einer hinreichenden Schmierung der Kontaktpartner. Auch hier gilt es die aufgetretenen Phänomene durch experimentelle Versuche umfangreich zu verifizieren, was in [39] erfolgen soll.

7 Berechnung der Wandergrenze

7.1 Allgemeines

Ein elementares Ziel dieser Arbeit ist - basierend auf den vorausgegangenen Untersuchungen - die Entwicklung und Verifizierung von Berechnungsmodellen zur Ermittlung der Wandergrenze für Radiallager. Diese Berechnungsmodelle sollen mit geringem Aufwand eine überschlägige Abschätzung der Wandergrenze ermöglichen und somit den Einsatz komplexer rechenintensiver 3D-FE-Simulationen bei der Lagerauslegung beschränken.

Um diese Berechnungsmodelle zu verifizieren, sind zunächst Wandergrenzen für verschiedene Umgebungsvariablen zu ermitteln. Für die biegefreien Lagersitze wurde dabei nur das System Außenring / Gehäuse betrachtet, da sich die Ergebnisse im gleichen Sinne auch auf den biegefreien Innenring übertragen lassen (vergl. Kap. 3 ff.). Anschließend wurden verschiedene Berechnungsmodelle bzw. -vorschriften auf ihre Gültigkeit bezüglich der ermittelten Grenzwerte hin untersucht. Die Vielschichtigkeit der Einflüsse erschwert allerdings einen allgemeinen Zugang. Deshalb muss versucht werden, den Effekten durch eine isolierte Betrachtung zu begegnen. Daher werden die Modellansätze in die folgenden Problemstellungen unterteilt:

- Biegefreie Lagersitze beim Innen- und Außenring
- Biegebelastete Lagersitze beim Innenring

7.2 Theoretische Grundlagen

7.2.1 Definition des Gültigkeitsbereichs

Um allgemeingültige Vorschriften zur Prognostizierung der Wandergrenze ableiten zu können, ist eine exakte Abgrenzung des Wirkbereiches dieser Berechnungsansätze nötig. Hierzu müssen zunächst die auftretenden Wanderbewegungen unterteilt werden. Wie aus [15] und [16] ersichtlich, existieren zwei Kategorien wandernder Wälzlagerringe:

- Dauerhafte Relativbewegung und
- Abnehmende Relativbewegung (bis zum Stillstand)

zwischen den Kontaktpartnern.

Speziell der zweite Fall kann für die Kontaktpartner als unschädlich angesehen werden und ist damit zulässig. Man kann also annehmen, dass im Lagersitz insgesamt zwischen vier Zuständen zu unterscheiden ist:

- Kein Wandern und keine Reibkorrosion
- Kein Wandern aber auftretende Reibkorrosion infolge Mikroschlupf
- Wandern / Reibkorrosion **ohne** Einfluss auf die Funktion der Kontaktpaarung
- Wandern / Reibkorrosion **mit** Einfluss auf die Funktion der Kontaktpaarung

Die zu ermittelnden Berechnungsmodelle können die ersten beiden Fälle nicht umfassen. Diese Einschränkung ist zulässig, da das alleinige Auftreten von Reibkorrosion typischerweise kein Kriterium für den Ausfall der Kontaktpartner ist.

7.2.2 Festigkeitsbetrachtungen

7.2.2.1 Vorbetrachtungen

Um die in Kap. 7.2.1 vorgestellte These zur Vernachlässigbarkeit der Reibkorrosionsbildung im wanderfreien Lagersitz zu belegen, ist eine Festigkeitsbetrachtung der involvierten Bauteile (hier Welle) notwendig. Zur Beurteilung der Festigkeit der Welle muss eine Biege- und/oder Torsionsbelastung in der Welle vorliegen. Der Einfachheit halber wird hier der Lagersitz des Innenringes unter reiner Biegebeanspruchung betrachtet (**Bild 7-1**).

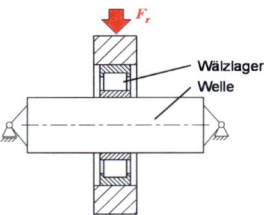

Bild 7-1: Biegebelasteter Lagersitz

DIN 743 [58] ermöglicht u.a. die Berechnung der Dauerfestigkeit von Pressverbindungen, zu denen umfangslastige Lagersitze auf Grund der vorgeschriebenen Presspassung im Lagersitz zugehörig sind (vergl. Kap. 1.3.1). Im Gegensatz zu typischen Welle-Nabe-Verbindungen (WNV) sind bei Lagersitzen zwei Besonderheiten zu betrachten:
1. Lagerringe sind deutlich dünnwandiger als typische Naben von WNV und
2. Lagersitze weisen eine geringere Pressung als typische Pressverbände auf.

So werden Lagersitze üblicherweise mit einem bezogenen Übermaß von 0 bis 1 ‰ ausgelegt während Welle-Nabe-Presssitze Werte im Bereich von 1 bis 2 ‰ aufweisen. Da in DIN 743 [58] weder die Nabenwandstärke noch die Pressung in der Verbindung als Einflussfaktoren berücksichtigt werden, muss hier auf anderweitige Literaturquellen zurückgegriffen werden. So wurden in [27] und [59] Untersuchungen an zylindrischen Pressverbindungen bei Umlaufbiegung unter Variation der Nabenwandstärke Q_N und der Pressung durchgeführt.

Die Pressverbindung mit dünnwandiger Nabe ($Q_N = 0{,}75$; $\xi = 1{,}0$ ‰; $p_F = 46$ N/mm²) zeigte im Vergleich mit einer dickwandigen Nabe ($Q_N = 0{,}50$; $\xi = 1{,}0$ ‰ und $1{,}7$ ‰; $p_F = 78$ N/mm² und 133 N/mm²) vernachlässigbar kleine Unterschiede in der Dauerfestigkeit. Die Autoren führen die gleichen Festigkeitswerte auf das Ansteigen des Reibwertes in der Schlupfzone der dünnwandigen Nabe infolge des „Hochtrainierens" der Oberflächen zurück. Somit reduziert sich der Schlupf bzw. die Passungsrostbildung mit zunehmender Versuchsdauer und kommt anschließend nahezu vollständig zum Erliegen. Es kann also davon ausgegangen werden, dass die Wandstärke der Nabe keinen wesentlichen Einfluss auf die Dauerfestigkeit eines Pressverbandes ausübt. Ebenso konnte in den Untersuchungen unter den gewählten Versuchsbedingungen kein signifikanter Einfluss der Pressung nachgewiesen werden.

Bislang unveröffentlichte, von BRŮŽEK institutsintern durchgeführte Stichprobenuntersuchungen unter Umlaufbiegung ergaben bei $\xi = 0{,}5$ ‰ und $Q_N = 0{,}50$ ($p_F = 39$ N/mm²) eine Steigerung der Dauerfestigkeit. Dies wird unter anderem mit der axialen Verlagerung des Anrissortes bzw. der Kontaktfläche der Nabenkante in Richtung der Nabenmitte begründet. Diese Verlagerung bildet sich durch den Materialabtrag im Einlaufbereich der Welle in die Nabe infolge des erhöhten Reibverschleißes bei kleinen Fugenpressungen und führt zu einer Reduzierung des wirksamen Biegemomentes bzw. der Biegespannung. Daraus kann abgeleitet werden, dass sich die untersuchte niedrigen Pressung $p_F = 39$ N/mm² trotz einer erhöhten Passungsrostbildung positiv auf die Lebensdauer einer WNV auswirkt. Dies untermauern auch die Grundlagen-Untersuchungen von VIDNER in [60] an Flachproben unter Reibdauerbelastung im Zeitfestigkeitsgebiet (**Bild 7-2**).

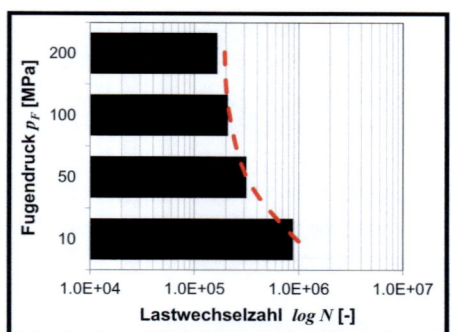
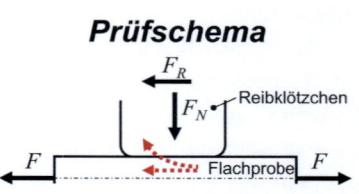

Bild 7-2: Einfluss des Fugendrucks auf die Lebensdauer von Flachproben aus Vergütungsstahl 34CrNiMo6 +QT unter Reibdauerbelastung im Zeitfestigkeitsgebiet mit einer Schlupfamplitude von 10 µm (links) sowie Prüfschema (rechts) (beide nach [60])

Die Untersuchungen zeigen bei abnehmendem Fugendruck eine ansteigende ertragbare Lastwechselzahl bis zum Bruch der Flachprobe. Umfassende Untersuchungen dieser Thematik stehen aber noch aus.

7.2.2.2 Ergebnisse

Die in Kap. 7.2.2.1 erläuterten Ergebnisse zeigen, dass die Berechnung der Dauerfestigkeit von Wellen nach DIN 743 [58] auch Gültigkeit bei biegebelasteten Lagersitzen besitzt bzw. dass bei geringem Fugendruck im Realfall eine höhere Sicherheit vorhanden ist als berechnet. Demnach wird im Folgenden ein Vergleich zwischen der wanderkritischen Biegespannung für Wälzlagerinnenringe und der Bauteilwechselfestigkeit durchgeführt. Damit soll untersucht werden, ob ein Dauerbruch der Welle erst bei Überschreitung der Wandergrenze des Wälzlagers einsetzt oder nicht. **Tabelle 7-1** zeigt die für die Berechnung angenommenen Geometrie- und Werkstoffkennwerte.

Tabelle 7-1: Kennwerte zur Berechnung der Dauerfestigkeit von Wellen nach [58]

Bezeichnung		Einheit	Material		
			C45+QT (vergütet)	42CrMo4+QT (vergütet)	16MnCr5E (gehärtet)
Wellendurchmesser	d_A	[mm]	25		
Zugfestigkeit	R_m	[N/mm²]	700	1100	1000
Zugstreckgrenze	R_e	[N/mm²]	490	900	695
Zug / Druck- Wechselfestigkeit	σ_{zdW}	[N/mm²]	280	440	400
Biegewechselfestigkeit	σ_{bW}	[N/mm²]	350	550	500
Technologischer Größeneinflussfaktor	K_1	-		0,934	0,854
Kerbwirkungszahl	$\beta_{\sigma b}$	-	2,25	2,73	2,52
Geometrischer Größeneinflussfaktor	K_2	-	0,92		
Einflussfaktor der Oberflächenrauheit	$K_{F\sigma}$	-	1		
Einflussfaktor der Oberflächenverfestigung	K_V	-		1	1,5
Sicherheit gegen Dauerbruch	S_D	-	1,2		

Unter Verwendung der aufgeführten Größen ergeben sich je nach Werkstoff dauerfest ertragbare Biegespannungsamplituden im Bereich von σ_{ba} = 112 N/mm² für

7 Berechnung der Wandergrenze

C45 +QT bis zu 197 N/mm² für 16MnCr5E. **Bild 7-3** zeigt den Vergleich dieser ertragbaren Biegespannungsamplituden mit den vorhandenen bei Erreichen der Wandergrenze des Wälzlagers im untersuchten Pressverband mit geringem Übermaß (ξ = 0,2 ‰). Es ist ersichtlich, dass bei Erreichen der Wandergrenze die Dauerfestigkeit der Welle gewährleistet ist. Diese Aussage lässt sich auch auf Lagersitze mit einem mittleren Übermaß von ξ = 0,6 ‰ übertragen (**Bild 7-4**).

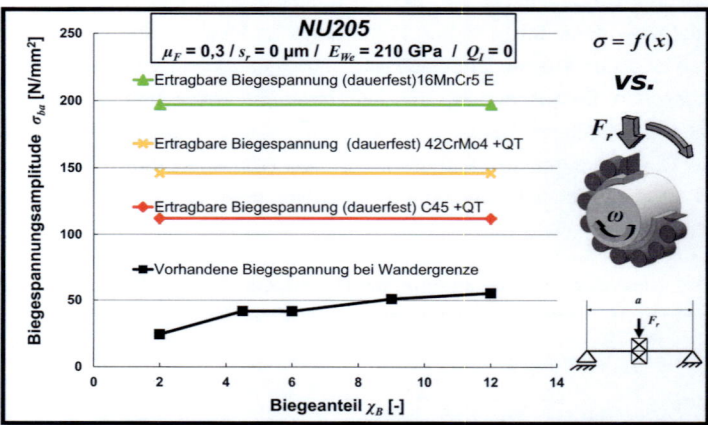

Bild 7-3: Zulässige Biegespannungsamplitude der Welle σ_{ba} über dem Biegeanteil χ_B bei einem bezogenen Übermaß ξ = 0,2 ‰ (Gegenüberstellung: *Dauerfest* ertragbar, berechnet nach DIN 743 [58] vs. *vorhanden* bei Erreichen der Wandergrenze)

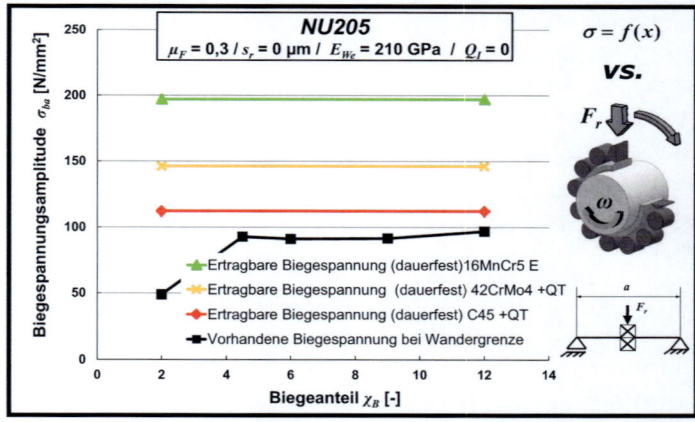

Bild 7-4: Zulässige Biegespannungsamplitude der Welle σ_{ba} über dem Biegeanteil χ_B bei einem bezogenen Übermaß ξ = 0,6 ‰ (Gegenüberstellung: *Dauerfest* ertragbar, berechnet nach DIN 743 [58] vs. *vorhanden* bei Erreichen der Wandergrenze)

7 Berechnung der Wandergrenze

Entgegen der bisherigen Ergebnisse kann bei sehr großen Übermaßen (ξ = 1,0 ‰) die Festigkeit der Welle auch bei Biegebelastungen unterhalb der Wandergrenze gefährdet sein (**Bild 7-5**). Dies ist darauf zurückzuführen, dass mit zunehmendem Übermaß die wanderkritische Belastung eines Wälzlagers steigt (vergl. Kap. 4.2.5), die Festigkeit der Welle aber konstant bleibt (vergl. Kap. 7.2.2.1). Für die untersuchten Parameter liegt daher die Biegebeanspruchung bei Erreichen der Wandergrenze oberhalb der vom Vergütungsstahl C45 dauerfest ertragbaren.

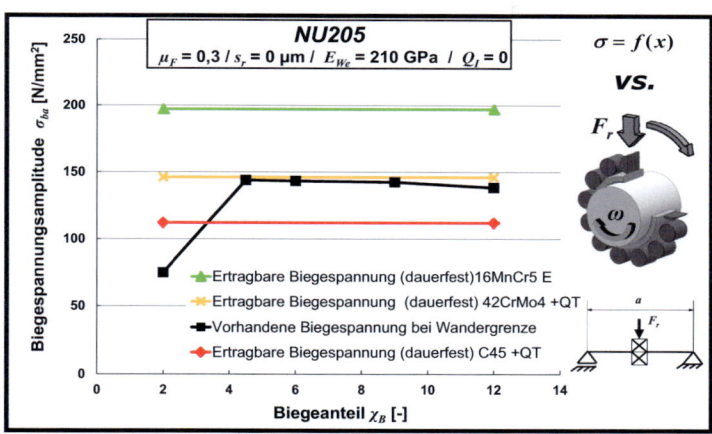

Bild 7-5: Zulässige Biegespannungsamplitude der Welle σ_{ba} über dem Biegeanteil χ_B bei einem bezogenen Übermaß ξ = 1,0 ‰ (Gegenüberstellung: *Dauerfest* ertragbar, berechnet nach DIN 743 [58] vs. *vorhanden* bei Erreichen der Wandergrenze)

Zusammenfassend ist festzustellen, dass unter „typischen" Einsatzbedingungen (geringe Pressung, kleiner Biegeanteil) ein wandersicher ausgelegtes Lager die Dauerfestigkeit der Welle einschließt. Daraus leitet sich ab, dass Passungsrostspuren, welche **nicht** auf ein Wandern des Lagerringes zurückzuführen sind (z.B. infolge von axialem Mikroschlupf), als unkritisch bezüglich der Bauteilfestigkeit bei Wälzlagerpresssitzen angesehen werden können. Eine Ausnahme bilden hierbei Lagersitze mit hoher Pressung bei Verwendung von Wellen-Werkstoffen mit geringer Festigkeit (beispielsweise C45). Hier muss die Festigkeit der Welle separat betrachtet werden.

7.3 Biegefreie Lagersitze (Innen- und Außenring)

7.3.1 Modellaufbau biegefreier Lagersitz (Innen- und Außenring)

Für den Fall der biegefreien radialbelasteten Lagersitze kann die folgende bereits in [15] beschriebene Annahme getroffen werden:

7 Berechnung der Wandergrenze

Schlupf tritt immer dann auf, wenn im Lagersitz die örtlichen Schubspannungen das Produkt aus Reibwert und Kontaktdruck erreichen bzw. überschreiten (COULOMB'sches Reibgesetz). Weiterhin lässt sich aus den Ergebnissen in [15] und [16] ableiten, dass sich dieser Schlupf über die komplette Lagerringbreite erstrecken muss, wobei der Schlupf jeweils an der Nabenkante einsetzt und sich zur Ringmitte hin ausbreitet (**Bild 7-6**).

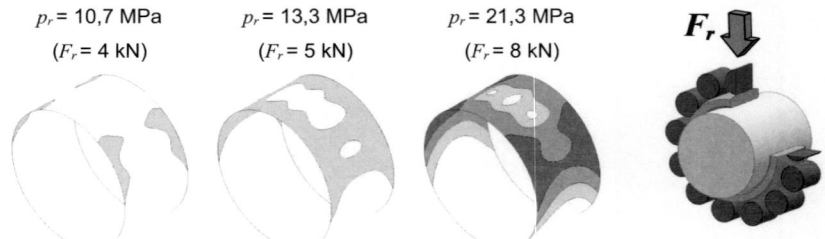

Bild 7-6: Tangential-Schlupfverlauf im Lagersitz bei Variation der statischen Radiallast F_r bzw. p_r (NU205 IR; Biegeanteil $\chi_B \approx 0$; Reibwert Fuge $\mu_F = 0{,}3$; Lagerluft $s_r = 0$ µm; Übermaß $\xi = 0{,}6$ ‰) [15]

Demnach tritt Wandern erst dann auf, wenn Schlupf die gesamte Fugenbreite erfasst und somit auch in der Fugenmitte vorliegt. Es ist somit ein Modell zu entwickeln, das den realen Spannungszustand - also Schubspannungs- und Pressungsverhältnisse in der Fugenmitte - ausreichend genau abbildet. Mit Hilfe der aus diesem Berechnungsmodell ermittelten lokalen Radialspannungen $\sigma_{rr}(\varphi)$ ($\hat{=}$ Fugendruck) kann gemäß der folgenden Gleichung die übertragbare Schubspannung $\tau_{üb}(\varphi)$ ermittelt werden.

$$\tau_{üb}(\varphi) = \mu_F \cdot \sigma_{rr}(\varphi) \qquad (7.1)$$

Diese sollte unter Beachtung entsprechender Sicherheiten S_W durch die aus dem Berechnungsmodell ermittelten lokalen Schubspannungen $\tau(\varphi)$ über den kompletten Umfang nicht überschritten werden!

$$\tau(\varphi) < \frac{\tau_{üb}(\varphi)}{S_W} \qquad (7.2)$$

Die infolge des Übermaßes resultierende Pressung im Lagersitz kann mittels DIN 7190 [42] berechnet werden. Diese bildet den im Montagezustand in der Lagermittelebene (vergl. Bild 1-3) vorliegenden Fugendruck in guter Näherung ab.

$$p_F = \frac{\xi \cdot E_{We}}{K} \qquad (7.3)$$

$$K = \frac{E_{We}}{E_{IR}}\left(\frac{1+Q_I^2}{1-Q_I^2} - v_{We}\right) + \left(\frac{1+Q_i^2}{1-Q_i^2} + v_{IR}\right) \qquad (7.4)$$

Solange kein Schlupf im Lagersitz auftritt, kann der Montagespannungszustand (Übermaß) mit den Effekten der äußeren Belastungen (Wälzkörperlasten) additiv überlagert werden.

Es sind also Berechnungsmodelle auf Basis analytischer Ansätze für die jeweils vorliegenden Randbedingungen zu entwickeln, welche die wichtigsten Parameter angemessen berücksichtigen. Ebenso wären aber auch einfache FE-Rechnungen denkbar, welche iterativ die Lösung ermitteln. Bezugnehmend auf einen analytischen Ansatz ist jedoch die Einschränkung auf 2-dimensionale Berechnungsmodelle erforderlich, da die bestehenden Scheiben- und Plattentheorien eine 3-dimensionale Betrachtung nicht ermöglichen. Diese Abstraktion führt aber unumgänglich zu Einschränkungen hinsichtlich der geometrischen Korrektheit und somit der Genauigkeit der Ergebnisse. Durch den Einfluss der folgenden modellabhängigen Beschränkungen beinhaltet dieser Berechnungsalgorithmus zu große Sicherheiten hinsichtlich des erstmaligen Auftretens einer fugenbreiten Schlupfzonen bzw. des Wanderbeginns:

- Vernachlässigung dreidimensionaler Effekte (Mittelungscharakter über die Lagerbreite)
- Einwirkung lokaler Effekte in unmittelbarer Nähe der Krafteinleitungsstellen (Prinzip von ST. VENANT)
- Nachträgliche Implementierung des Fugenspieleinflusses
- Kein Einfluss dünnwandiger Gehäuseformen
- Vernachlässigung jeglicher sonstiger Belastungen (insbesondere Verkippung)

7.3.2 Analytischer Ansatz

Aufgrund der mit einem Lagersitz äquivalenten Geometrie- und Kraftrandbedingungen wurden die von SONNTAG [61] hergeleiteten und in [15] vorgestellten analytischen Gleichungen (Scheibenmodell „Kreisbohrung in unendlicher Scheibe") für die Untersuchungen herangezogen.

Scheiben sind ebene Flächentragwerke (**Bild 7-7**). Die Definition des Tragverhaltens von Scheiben besagt, dass alle spannungsrelevanten Größen (z.B. Lasten und Verformungen) parallel zur Scheibenmittelfläche wirken müssen. Eine Untergliederung der Scheiben ergibt sich aus dem Verhalten der Scheibe senkrecht zu ihrer Mittelfläche (in Dickenrichtung). Hier wird unterschieden zwischen einem ebenen Verzerrungszustand (EVZ) und dem ebenen Spannungszustand (ESZ). Der EVZ ist dadurch gekennzeichnet, dass keine Dehnung über der Dicke b der Scheibe vor-

7 Berechnung der Wandergrenze

handen ist. Diese Voraussetzung kann z.B. im Radialschnitt eines Lagersitzes als gegeben angesehen werden, sofern sich der Schnitt in der Lagermitte befindet.
Der ebene Spannungszustand (ESZ) zeichnet sich dadurch aus, dass in Dickenrichtung z keine Normalspannungen vorhanden sind. Dies ist beispielsweise bei Oberflächen und dünnwandigen Strukturen als realistisch anzusehen. [62], [63]

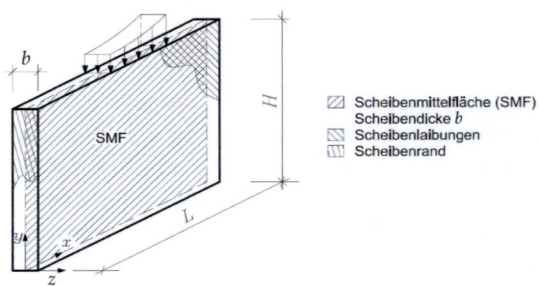

Bild 7-7: Darstellung einer Scheibe incl. Begriffsdefinitionen [62]

Für die Spannungsermittlung in der Kontaktpaarung Gehäuse / Außenring stellt der Modellansatz der unendlichen Scheibe mit kreisrunder Bohrung unter radialer Einzellast (**Bild 7-8,** links) eine zweckmäßige Basis dar.

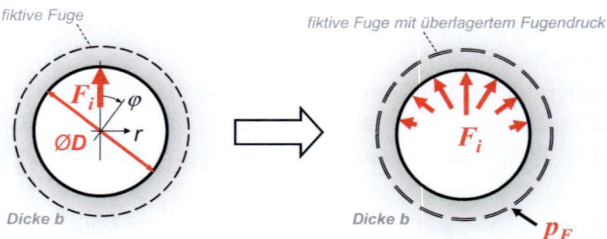

Bild 7-8: Mechanisches Modell „Kreisbohrung in unendlicher Scheibe" zur Abbildung des radial belasteten Gehäuse-Sitzes [15]

Dieser Modellansatz weicht umso mehr vom realen Spannungszustand ab,
- je dünner und elastischer das Gehäuse,
- je dünner der Außenring,
- und je höher das Spiel im Lagersitz

ist. Insbesondere bei sehr dünnwandigen Gehäusen ist ein Einfluss der lastabhängigen Bauteilverformungen zu erwarten.

Die Spannungsbeziehungen für die unendliche Scheibe mit Kreisbohrung lauten nach [61] wie folgt.

$$\sigma_{rr}(F_i,\varphi) = \frac{F_i}{\pi \cdot b} \left[\frac{2 \cdot (D \cdot \cos\varphi - r) \cdot \left[(r^2 + D^2) \cdot \cos\varphi - D \cdot r \cdot (1 + (\cos\varphi)^2) \right]}{(r^2 + D^2 - 2 \cdot D \cdot r \cdot \cos\varphi)^2} \right.$$
$$\left. + \frac{5-v}{4} \cdot \frac{\cos\varphi}{r} - D^2 \cdot \frac{3-v}{4} \cdot \frac{\cos\varphi}{r^3} - \frac{D}{2 \cdot r^2} \right] \quad (7.5)$$

$$\tau(F_i,\varphi) = \frac{F_i}{\pi \cdot b} \left[\frac{2 \cdot D \cdot \sin\varphi \cdot (r - D \cdot \cos\varphi) \cdot (D - r \cdot \cos\varphi)}{(r^2 + D^2 - 2 \cdot D \cdot r \cdot \cos\varphi)^2} + \frac{1-v}{4} \cdot \frac{\sin\varphi}{r} - D^2 \cdot \frac{3-v}{4} \cdot \frac{\sin\varphi}{r^3} \right] \quad (7.6)$$

Der Spannungszustand $\sigma(F_i)$ einer einzelnen Wälzkörperkraft F_i, beschrieben durch die gezeigten Gleichungen für die Radial- und Schubspannungen in polaren Koordinaten, kann nunmehr mit den Spannungszuständen mehrerer (in unterschiedlicher Richtung wirkender) Einzelkräfte nach einfacher Winkeltransformation additiv kombiniert werden (Bild 7-8, rechts).

$$\sigma(F_r,\varphi) = \sum \sigma(F_i,\varphi) \quad (7.7)$$

Weiterhin kann der Spannungszustand infolge aller Einzelkräfte $\sigma(F_r,\varphi)$ mit dem Spannungszustand des Pressverbandes $\sigma^{(PV)}$ (Gl. 7.3) durch einfache Superposition überlagert werden, um den Einfluss einer Presspassung abzubilden.

$$\sigma_{ges} = \sigma(F_r,\varphi) + \sigma^{(PV)} \quad (7.8)$$

In der Summe lässt sich somit der Gesamt-Spannungszustand im Lagersitz der Baugruppe Gehäuse/Außenring unter realer Wälzkörperlastverteilung berechnen und analysieren. Der identische Ansatz kann auch auf das System Innenring/Welle übertragen werden. Auch hierzu existieren bereits analytische Gleichungen zur Berechnung des Spannungszustandes von Kreisringscheiben ([15], [61]).

7.3.3 Verifizierung (Biegefreier Lagersitz, Innen- und Außenring)

7.3.3.1 Referenzwerte für die Wandergrenze (biegefreier Lagersitz am Beispiel des Außenringes)

Mit Hilfe der 3D-Umlaufsimulation wurden Wandergrenzen als Verifikations-Referenz für das Berechnungsmodell ermittelt. Die Simulationen wurden mit dem Lager NU205 und 6205 unter folgenden Randbedingungen durchgeführt:

7 Berechnung der Wandergrenze

- Punktlast
- Lagerluft s_r = 20 µm
- Ringgehäuse Außendurchmesser Q_A = 0,69 (D_A = 80 mm)
- E-Modul Gehäuse E_{Ge} = 210 GPa

Bild 7-9 stellt beispielhaft einen Verlauf des Wandermomentes in Abhängigkeit der bezogenen Radiallast für das Zylinderrollenlager NU205 dar.

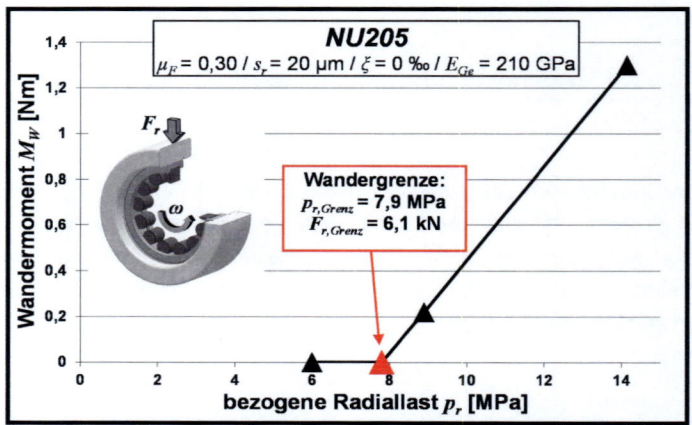

Bild 7-9: Wandermomente in Abhängigkeit der bezogenen Radiallast p_r

Alle ermittelten Werte sind in **Tabelle 7-2** zusammengefasst.

Tabelle 7-2: Vergleich der mit der 3D-Umlaufsimulation ermittelten Wandergrenzen $F_{r,Grenz}$ bzw. $p_{r,Grenz}$ für unterschiedliche Parameter
(Außenring; Lagerluft s_r = 20 µm; E-Modul Gehäuse E_{Ge} = 210 GPa)

Lagertyp	Parameter	Grenzradialbelastung bei Wandergrenze	
		$p_{r,Grenz}$ [MPa]	$F_{r,Grenz}$ [kN]
NU205	ξ^* = -0,40 ‰; μ_F = 0,30	4,5	3,5
	ξ = 0 ‰; μ_F = 0,15	5,8	4,5
	ξ = 0 ‰; μ_F = 0,30	7,9	6,1
	ξ = 0,1 ‰; μ_F = 0,30	20,8	16,2
6205	ξ = 0 ‰; μ_F = 0,30	6,5	5,1

7.3.3.2 Verifikation des Berechnungsmodells biegefreier Lagersitz (Innen- und Außenring)

Zur Verifikation des vorgestellten Berechnungsmodells (Scheiben-Kontinuum mit EVZ zur Abbildung der Radial- und Tangentialspannungen am (virtuellen) Fugendurchmesser, vergl. Kap. 7.3.2) wurden für die vorliegenden Wandergrenzen (vergl. Kap. 7.3.3) mittels einer statischen 2D-Scheibensimulation (vergl. Kap. 2.3) die Spannungen im Kontinuum ermittelt. **Bild 7-10** zeigt beispielhaft die ermittelten Spannungsverläufe über den kompletten Umfang der Lagerfuge (weitere Diagramme sind in Anhang 2 enthalten). Zusätzlich wird diesen die berechnete grenzwertige Schubspannung $\tau_{Grenz}(F_r,\varphi)$ nach Gl. 7.9, welche den tangentialen Schlupfbeginn und damit die Wandergrenze symbolisiert, gegenübergestellt.

$$\tau_{Grenz}(F_r,\varphi) = \sigma_{rr}(F_r,\varphi) \cdot \mu_F \quad (7.9)$$

Im Vergleich korrelieren dabei die Schubspannungen $\tau(F_r,\varphi)$ und $\tau_{Grenz}(F_r,\varphi)$ sehr gut in ihren Amplituden. Der Ort der maximalen Schubspannungen ist allerdings different. Dies ist auf die vereinfachte Modellbetrachtung zurückzuführen, da die maximale grenzwertige Schubspannung $\tau_{Grenz}(F_r,\varphi)$ von ihrem Verlauf her immer der Radialspannung $\sigma_{rr}(F_r,\varphi)$ folgt.

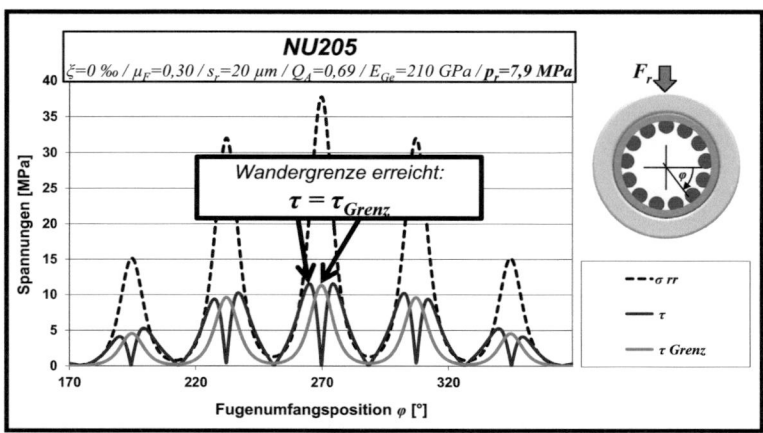

Bild 7-10: Mit Hilfe der 2D-Scheibensimulation berechnete Radial- (σ_{rr}) und Schubspannungen (τ) in der Lastzone sowie die grenzwertigen Schubspannungen τ_{Grenz} für die kritische bezogene Radialbelastung $p_{r,Grenz}$ (Wandergrenze)

Bild 7-11 zeigt exemplarisch die Spannungsverläufe bei Überschreitung der Wandergrenze. Es ist deutlich zu erkennen, dass die berechneten Schubspannungen $\tau(F_r,\varphi)$ nahezu über den kompletten Umfang die Grenzwertigen überschreiten. Hier ist daher von einem wandernden Lagerring auszugehen.

7 Berechnung der Wandergrenze

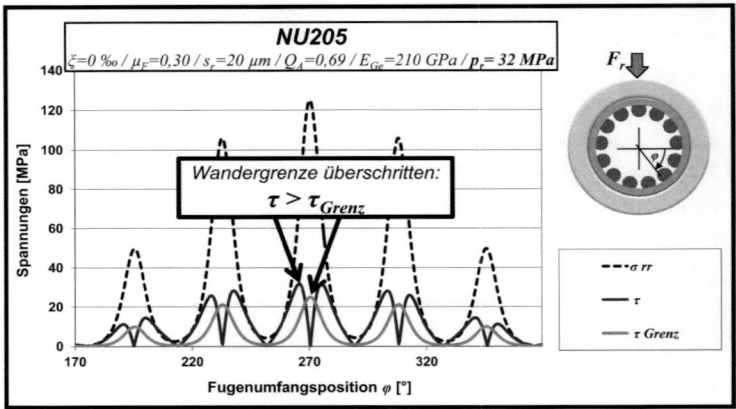

Bild 7-11: Mit Hilfe der 2D-Scheibensimulation berechnete Radial- (σ_{rr}) und Schubspannungen (τ) in der Lastzone sowie die grenzwertigen Schubspannungen τ_{Grenz} bei Überschreitung der kritischen bezogenen Radialbelastung $p_{r,Grenz}$ (Wandergrenze)

7.3.3.3 Verifikation des analytischen Ansatzes biegefreier Lagersitz (Innen- und Außenring)

Im letzten Schritt wird versucht, die mit dem 2D-Scheibenmodell simulativ ermittelten Spannungen mit Hilfe einer analytischen Berechnungsgleichung auf Basis des vorgestellten Scheibentragwerks zu berechnen. **Bild 7-12** zeigt beispielhaft einen Vergleich zwischen den analytisch und numerisch berechneten Spannungswerten (Weitere Verläufe befinden sich in Anhang 2).

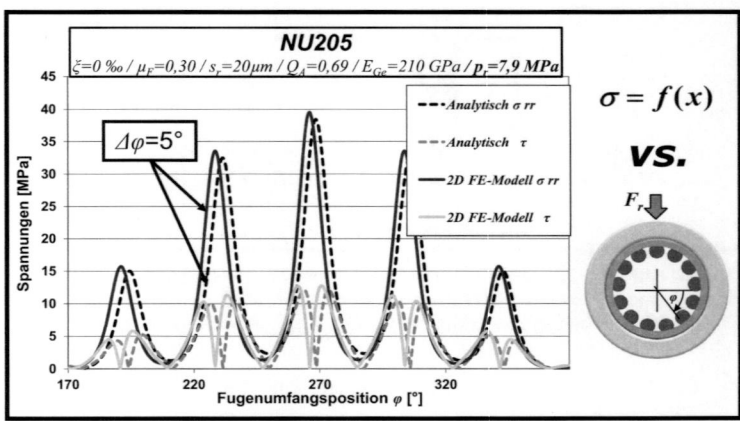

Bild 7-12: Vergleich der analytisch und iterativ berechneten Radial- (σ_{rr}) und Schubspannungen (τ) in der Lastzone

7 Berechnung der Wandergrenze

Zur besseren Übersicht wurden die Verläufe leicht versetzt ($\Delta\varphi$ = 5°) dargestellt, da die Maxima hinsichtlich der Fugenumfangsposition nahezu deckungsgleich auftreten. Es zeigt sich für den untersuchten Gehäusetyp, welcher eine sehr große Wandstärke besitzt, eine nahezu vollständige Korrelation der Ergebnisse.

Bild 7-13 zeigt den Vergleich zwischen den analytisch und iterativ berechneten Spannungswerten bei Verwendung eines dünnwandigen Gehäuses (vergl. Bild 2-5). Die Verläufe sind hier nicht versetzt ($\Delta\varphi$ = 0°) dargestellt. Es zeigt sich für den untersuchten Gehäusetyp eine hohe Divergenz der Ergebnisse; speziell die ermittelten Schubspannungsamplituden unterscheiden sich um bis zu 100 %! Eine Berechnung der Wandergrenze ist bei dünnwandigem Gehäuse mit den analytisch ermittelten Spannungen daher nicht möglich.

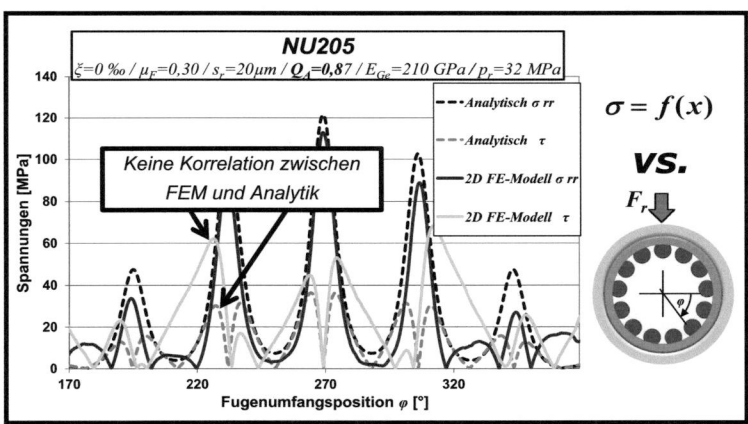

Bild 7-13: Vergleich der analytisch und iterativ berechneten Radial- (σ_{rr}) und Schubspannungen (τ) bei Verwendung eines dünnwandigen Gehäuses (Q_A = 0,87)

7.3.3.4 Schlussfolgerungen

Die angewendete Vorgehensweise zeigt, dass die Berechnung der Wandergrenze mit einem einfachen statischen 2D-FE-Scheibenmodell eine praktikable Alternative zu deren Ermittlung mit Hilfe der komplexen 3D-Kinematiksimulation ist. Die Ergebnisse stützen die Annahme, dass die Überschreitung der nach dem Reibgesetz berechneten maximalen Schubspannungen durch die im Kontinuum vorliegenden maximalen Schubspannungen über den Fugenumfang als Kriterium für die Wandergrenze dienen kann.

Ebenso kann die Verwendung der angegebenen analytischen Gleichungen als gleichwertiger Ersatz für das 2D-Scheibenmodell unter den angegebenen Voraussetzungen eines identischen Gehäuse- und Lagerwerkstoffes und eines dickwandigen Gehäuses empfohlen werden. Für die untersuchten Radiallasten p_r ≤ 32 MPa kann zur Erzielung korrekter Spannungsverläufe ein Gehäusedurchmesserverhältnis von Q_A ≤ 0,7 als realistischer Grenzwert für die Dickwandigkeit angesehen werden. Bei höherer Belastung des Lagers ist für Q_A ein kleinerer Wert (also ein dickwandigeres Gehäuse) zu wählen. Die berechneten Spannungen bilden zur Bestimmung der Wandergrenze von Lager-Außenringen, ähnlich wie bei der Verwendung des 2D-Scheibenmodells, unter diesen Randbedingungen den Zustand in der Kontaktfuge hinreichend genau nach. Gleiches gilt für die analytischen Gleichungen des Innenringes, wobei hier die Einschränkungen hinsichtlich der Dickwandigkeit der Welle gelten, d.h. dass nur Vollwellen und dickwandige Hohlwellen (Q_I ≤ 0,3) als Berechnungsgrundlage dienen sollten.

Für komplexere und/oder dünnwandigere Gehäusegeometrien sowie unterschiedliche Bauteilwerkstoffe ist eine iterative 2D-FE-Rechnung (Scheibenmodell) allerdings unumgänglich! Daher wurde im Rahmen der Arbeit ein vereinfachtes parametrisiertes FE-Programm erstellt, welches auch Anwendungsfälle mit dünnwandiger Lageranschlussgeometrie sehr genau nachbildet.

7.3.4 2D-FE-Routine *SimWag*

Wie bereits beschrieben, wurde für die programmtechnische Umsetzung aller biegefreien Anwendungsfälle auf eine einfache 2D-FE-Routine zurückgegriffen, welche die lokal wirkenden Spannungen iterativ berechnet. Das vollautomatisierte Programm mit dem Namen *SimWag* bestimmt selbstständig anhand der geometrischen Eingabedaten, ob das untersuchte Lager die Wandergrenze über- oder unterschreitet. **Bild 7-14** zeigt exemplarisch die Funktionsweise des Berechnungskerns für einen Innenring mit Hohlwelle und **Bild 7-15** stellt die zugehörige übergeordnete Programmstruktur dar.

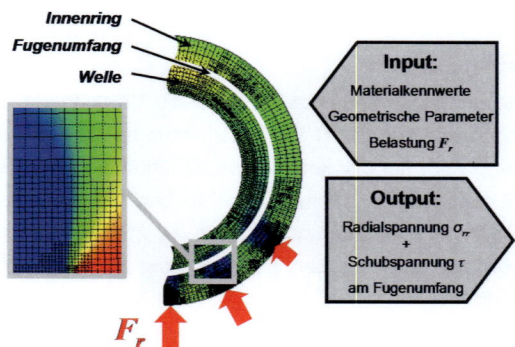

Bild 7-14: Funktionsweise des Berechnungskerns (AFEM Solver) der Programmroutine exemplarisch für einen Innenring mit Hohlwelle

7 Berechnung der Wandergrenze

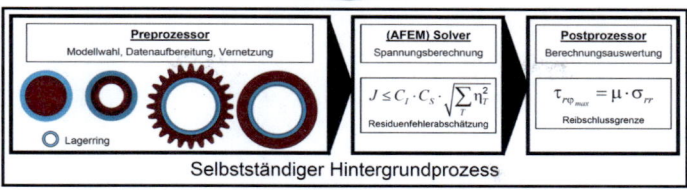

Wandergrenze

Bild 7-15: Programmroutine zur Berechnung der Wandergrenze mittels FEM

Die Routine basiert auf einem *Open Source* Finite-Elemente-Programm, welches von der PROFESSUR NUMERISCHE MATHEMATIK der TU CHEMNITZ zur Verfügung gestellt und auf die Bedürfnisse der Anwendung abgestimmt wurde. So enthält der Preprozessor - also die Schnittstelle für Belastung, Geometrie- und Materialeigenschaften der Berechnung - nur vordefinierte, parametrisierte Modelle für:

- Innenring mit Vollwelle
- Innenring mit Hohlwelle
- Außenring im zylindrischen Gehäuse
- Außenring im Zahn- bzw. Planetenrad

wobei eine Erweiterung um anderweitige Profilkonturen jederzeit möglich wäre. Der Nutzer übergibt dem Programm alle notwendigen geometrischen Daten und der Preprozessor generiert eigenständig ein entsprechendes Modell. Dabei wird aus Effizienzgründen die vorhandene Symmetrie genutzt und nur eine Lagerhälfte erstellt und berechnet. Anschließend werden die Materialeigenschaften - für Lagerring und Anschlussgeometrie getrennt definierbar - dem Modell zugeordnet. Die Kraft- und Verschiebungsrandbedingungen werden jeweils vom Programm eigenständig an den richtigen Positionen angetragen.

Besonders innovativ gestaltet sich der folgende Schritt für die Vernetzung des Modells. Während (handels-) übliche FE-Programme die generierte Geometrie nahezu wahllos in eine endliche Zahl von Drei- oder Vierecken - Finite Elemente - unterteilt, wird hier die Adaptive-Finite-Elemente-Methode (AFEM) angewendet, d.h. dass der Preprozessor das Modell im ersten Schritt sehr grob - also mit wenigen Elementen - vernetzt. Anschließend erfolgt die Berechnung des Modells mit dem integrierten Solver, wobei jeweils die Spannungsgradienten ausgewertet werden. Abschließend wird in bis zu 20 Schritten die Vernetzung in Bereichen hoher Gradienten (Krafteinleitungen usw.) verfeinert (**Bild 7-16**).

7 Berechnung der Wandergrenze

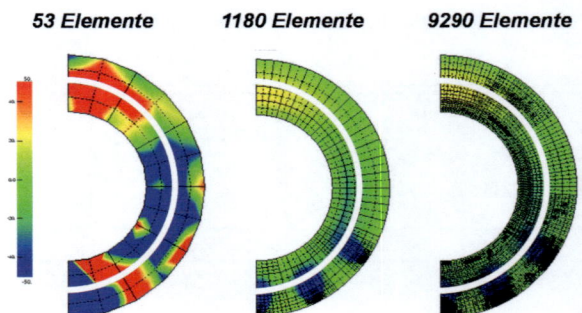

Bild 7-16: Exemplarische Darstellung der automatisierten Netzverfeinerung im Bereich hoher Gradienten für einen Innenring mit Hohlwelle (Radialspannung σ_{rr})

Ziel dieser Vorgehensweise ist die Minimierung des maximalen Berechnungsfehlers, welcher über den internen Fehlerrechner überwacht und ausgewertet wird. Nur wenn sich ein maximaler Fehler kleiner 10^{-5} einstellt, gilt die Berechnung als erfolgreich und wird im Preprozessor zur Auswertung freigegeben. Dieser errechnet dann aus den Spannungen in der Lagerfuge die Wandergrenze (vergl. Kap. 7.3) und präsentiert - optisch aufbereitet - das Ergebnis.

Dieser komplette Vorgang dauert ca. 1 - 2 Sekunden und läuft vollautomatisch im Hintergrund ab. Somit erhält der Nutzer ein bedienungsfreundliches und für alle implementierten Anwendungsfälle - unter den genannten Einschränkungen - sehr exaktes Programm zur Ermittlung der Wandergrenze von biegefreien Lagersitzen.

7.4 Biegebelastete Lagersitze (Innenring)

7.4.1 Modellaufbau

Für eine umfassende Bewertung des Presssitzes Innenring/Welle ist es notwendig, die Biegemomentdurchleitung am Innenring zu betrachten und die daraus resultierenden Relativbewegungen zu bewerten. Das von SMETANA in [12] eingeführte Klaffbiegemoment wird als geeigneter Ansatz hierfür angesehen. Als Klaffen wird der Zustand definiert, bei dem an der Zugseite der biegebelasteten Welle der Fugendruck an der Nabenkante gerade den Wert Null annimmt (**Bild 7-17**).

7 Berechnung der Wandergrenze

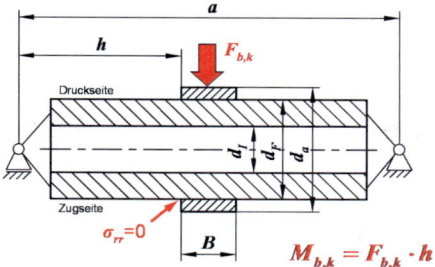

Bild 7-17: Definition Klaffbiegekraft $F_{b,k}$ bzw. Klaffbiegemoment $M_{b,k}$

Jedoch ist das von SMETANA verwendete Modell der fliegend gelagerten Welle nicht unmittelbar auf den Ansatz der Momentdurchleitung (beidseitige Lagerung der Welle) anwendbar. Daher wurden die folgenden empirischen Gleichungen auf Basis von [64] hergeleitet, mit denen das Klaffbiegemoment bzw. die Klaffbiegekraft in den für Wälzlager relevanten geometrischen Grenzen hinreichend genau berechnet werden kann. Die Gleichung zur Berechnung der Klaffbiegekraft $F_{b,k}$ lautet:

$$F_{b,k}(B,\mu_F,Q_i,Q_I,\xi,\kappa) = \left[\frac{15963}{\left(\frac{B}{d_F}\right)^{0.37}} + \left(\frac{B}{d_F}\right)^{12.5} \right] \cdot K(B,\mu_F,Q_i,Q_I,\xi,\kappa) \qquad (7.10)$$

Für das Klaffbiegemoment $M_{b,k}$ folgt:

$$M_{b,k} = F_{b,k} \cdot h \qquad (7.11)$$

Alle weiteren notwendigen Gleichungen zur Berechnung des K-Faktors sowie die zugehörigen Gültigkeitsbereiche sind im Anhang 3 enthalten.

7.4.2 Referenzwerte für die Wandergrenze (biegebelasteter Lagersitz, Innenring)

Biegebelastete Lagersitze stellen aufgrund ihrer kombinierten axialen und radialen Einflüsse ein deutlich komplexeres System dar als biegefreie. Dies ist allein durch die ständig wechselnden Fugendruckbedingungen eines Presssitzes unter umlaufender Biegung nachvollziehbar. Bei einem Wälzlagersitz werden diese Fugendruckbedingungen zusätzlich von den wirkenden Wälzkörpereffekten überlagert.
Bild 7-18 bis **Bild 7-20** zeigen die grenzwertige Radialbelastung für ein wanderfreies Lager in Abhängigkeit des Biegeanteils χ_B und des Übermaßes ξ für Vollwellen. Es wird wiederum der negative Einfluss des Biegeanteils auf die Wanderneigung sicht-

7 Berechnung der Wandergrenze

bar. Im Kurvenverlauf spiegeln sich zwei Schlupfmechanismen wider. Bei niedrigen Biegeanteilen wirken nur die Wälzkörper-Effekte (Tangentialschlupf) und bei hohen Biegeanteilen überlagern sich Wälzkörper- und Biegeschlupfeffekte (Axialschlupf). Somit lässt sich näherungsweise ein Übergangsbereich zwischen nahezu „biegefreiem" und „biegebelastetem" Lagersitz ($\chi_B \approx 3$) detektieren. Dieser kann zur Differenzierung der Anwendungsgebiete der Berechnungsmodelle dienen.

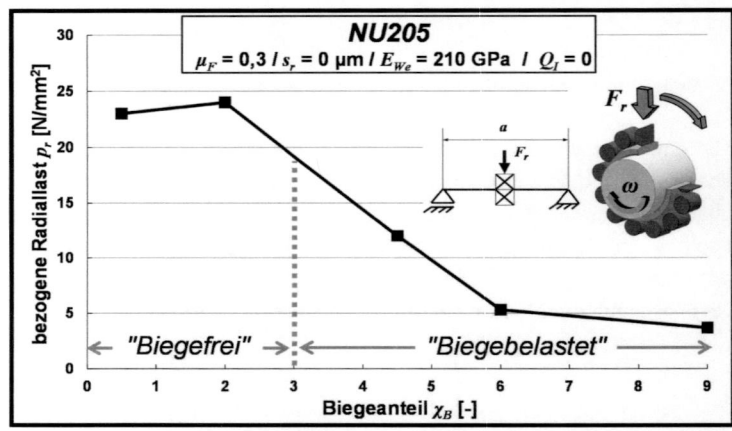

Bild 7-18: Wandergrenze in Form der bezogenen Radiallast p_r in Abhängigkeit des Biegeanteils χ_B bei einem bezogenen Übermaß $\xi = 0,2$ ‰

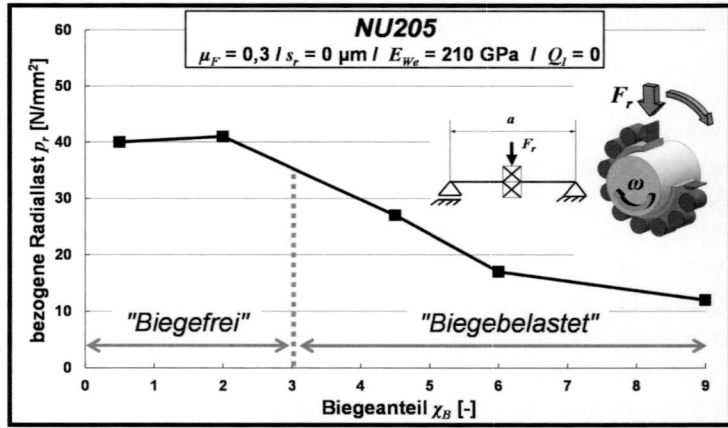

Bild 7-19: Wandergrenze in Form der bezogenen Radiallast p_r in Abhängigkeit des Biegeanteils χ_B bei einem bezogenen Übermaß $\xi = 0,6$ ‰

7 Berechnung der Wandergrenze

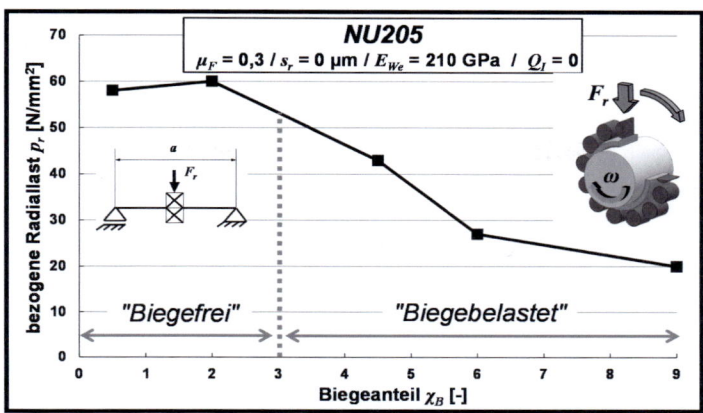

Bild 7-20: Wandergrenze in Form der bezogenen Radiallast p_r in Abhängigkeit des Biegeanteils χ_B bei einem bezogenen Übermaß ξ = 1,0 ‰

7.4.3 Verifikation des Berechnungsmodells

Die Verifikation des Berechnungsmodells erfolgt durch die Gegenüberstellung der ermittelten Wandergrenzen mit den Ergebnissen auf Basis der vorgestellten Gleichungen zur Berechnung der Klaffbiegekraft. Für die Darstellung wird das in [15] beschriebene Beanspruchungsschaubild herangezogen (vergl. Kap. 1.3.6). Unter Berücksichtigung der hier durchgeführten Analysen erreichen biegebelastete Innenringe die Wandergrenze, wenn ihre Radialbelastung 35 % der Klaffbiegekraft entspricht. Dies wird durch die rote durchgezogene Trendlinie in **Bild 7-21** visualisiert.

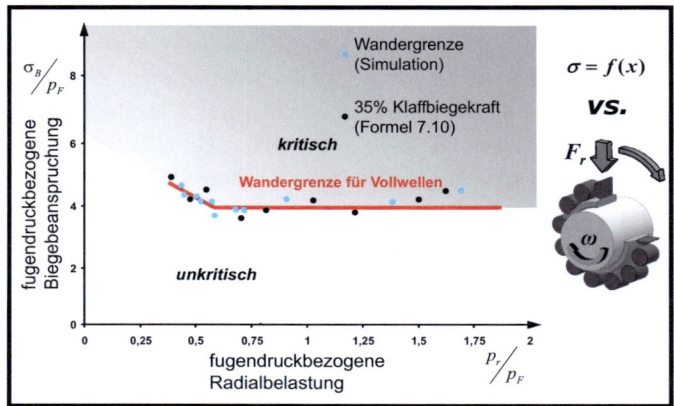

Bild 7-21: Vergleich der ermittelten Wandergrenzen aus der Simulation (Bild 7-18 bis Bild 7-20) und der Berechnung (35 % des Klaffbiegemomentes) (NU205; Q_I = 0; Reibwert Fuge μ_F = 0,3; Lagerluft s_r = 0 µm; E-Modul Welle E_{We} = 210 GPa)

7 Berechnung der Wandergrenze

Es zeigt sich, dass die Wandergrenze in zwei Bereiche (horizontaler Verlauf der Trendlinie für $p_r/p_F \geq 0{,}6$ sowie linearer Anstieg des Verlaufs für $p_r/p_F < 0{,}6$) unterteilt ist. Dies ist auf die gewählte Darstellung zurückzuführen, da eine Änderung der fugenbezogenen Biegespannung σ_B mit der Änderung des Hebelarmes einhergeht. Die Änderung des Hebelarmes wiederum erzeugt ein nichtlineares Verhalten, da die Klaffkraft - welche als relevant für die Wandergrenze anzusehen ist - mit abnehmender Fugenlänge deutlich ansteigt. In **Bild 7-22** ist dieser Zusammenhang exemplarisch dargestellt.

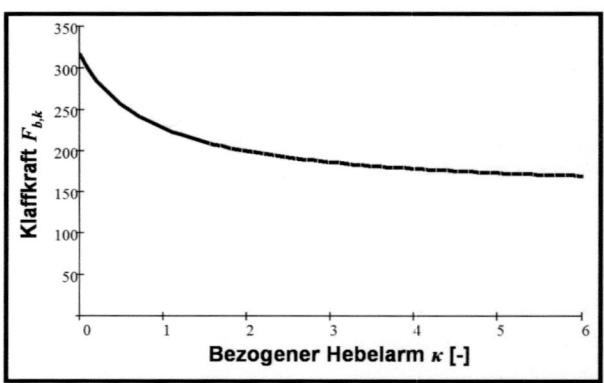

Bild 7-22: Exemplarische Darstellung der Klaffkraft $F_{b,k}$ in Abhängigkeit des bezogenen Hebelarmes κ

Aufgrund dieses nichtlinearen Verlaufs der Klaffkraft in Abhängigkeit des bezogenen Hebelarmes $\kappa = h/d_F$ (siehe Anhang 3) wird zwischen einem „biegesteifen" ($0 \leq \kappa < 2$) und einem „biegeweichen" ($2 \leq \kappa \leq 7{,}5$) Bereich unterschieden. Bei biegesteifen Lagersitzen wird im Gegensatz zu biegeweichen das Klaffen nicht durch die Krümmung der Welle infolge der Biegebelastung erzielt, sondern durch die starke Verformung des Lagerringes. Die nahezu ungekrümmte Welle wird hierbei in den Lagerring gepresst, was zu einem Klaffen über die komplette Lagersitzbreite führt.

Es ist zu beachten, dass sich in Bereichen geringer Biegebelastungen eine Übergangszone zwischen Wandern infolge Biegung und infolge der reinen Radialbelastung einstellt. Demnach ist Bild 7-21 nur als charakteristisches Verifikationsschaubild und nicht als Ergebnis der Forschungsarbeiten zu betrachten. Es ist daher immer die Berechnung anhand der Klaffbiegekraft bzw. die Nutzung der programmtechnischen Umsetzung - welche ebenfalls in *SimWag* (vergl. Kap. 7.3.4) erfolgte - erforderlich!

8 Berechnungsmodell zur Ermittlung der Wanderkraft von punktlastigen Lageraußenringen

8.1 Aufbau des simulativen Berechnungsansatzes

Um einen allgemeingültigen Ansatz zur Berechnung der Wanderkraft F_W von punktlastigen Lageraußenringen zu erhalten, wurde eine iterative Lösung entwickelt. Die Untersuchungen zeigen, dass die Wanderkraft eines Wälzlagers etwa der Umfangskraft F_U (**Bild 8-1**) des Lagersegments des höchstbelasteten Wälzkörpers entspricht.

$$F_W \approx F_U \tag{8.1}$$

Das Wandermoment lässt sich anhand des mittleren Lagerringdurchmessers d berechnen (vergl. Bild 1-4).

$$M_W = F_W \cdot \frac{d}{2} \tag{8.2}$$

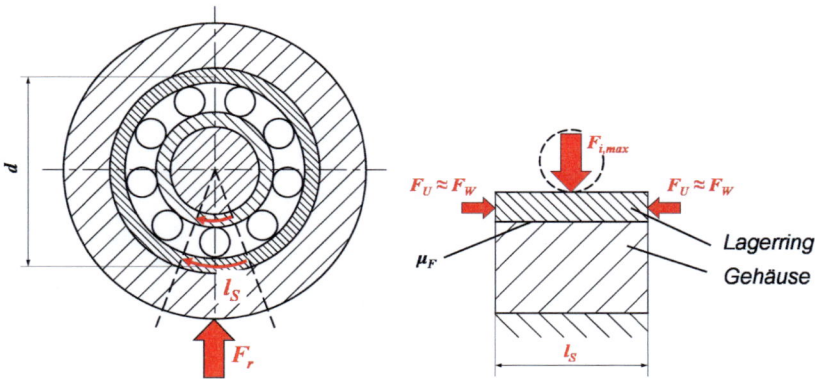

Bild 8-1: Lagersegment des höchstbelasteten Wälzkörpers mit der Segmentlänge l_S

Das komplette 3D-Ersatz-Modell für ein Zylinderrollenlager NU205 zeigt **Bild 8-2**. Die Wälzkörperlast wird dabei durch eine Linienlast simuliert, welche im Bild in Form von vier Kraftvektoren dargestellt ist. Das Modell besteht aus ca. 100.000 Elementen, wobei der Bereich der Lasteinleitung detaillierter vernetzt wurde. Alle Abmessungen wurden aus dem entsprechenden Ringsegment des Ursprungslagers abgeleitet.

8 Berechnungsmodell zur Ermittlung der Wanderkraft

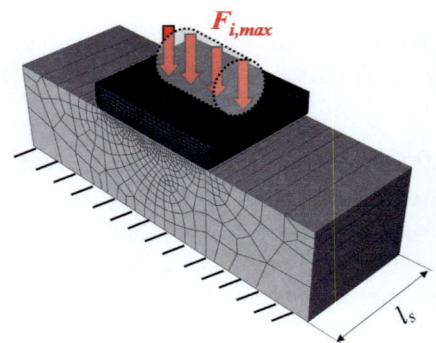

Bild 8-2: 3D-Ansicht des Modells zur Wanderkraftberechnung (NU205)

8.2 Verifikation des Berechnungsmodells

Bild 8-3 zeigt den Vergleich zwischen der 3D-Umlaufsimulation und dem 3D-Plattenmodell in Abhängigkeit der bezogenen Radiallast p_r am Beispiel des ZyRoLa NU205. Besonders bei höheren (wanderrelevanten) Lagerlasten ist eine gute Übereinstimmung zwischen den Wanderkräften beider Berechnungsmethoden erkennbar.

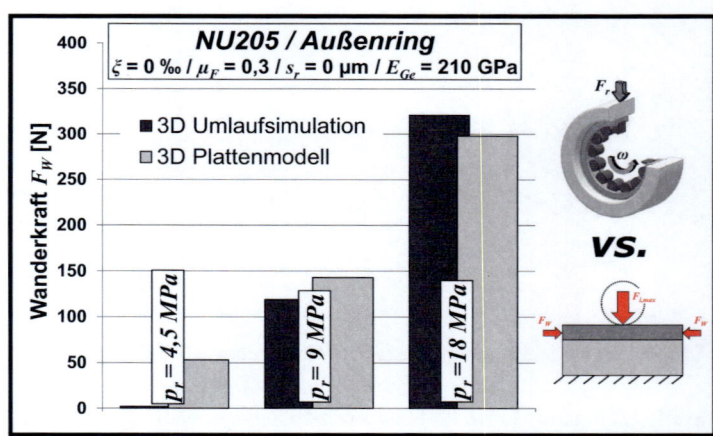

Bild 8-3: Vergleich der Wanderkräfte, ermittelt mit der 3D-Umlaufsimulation und dem 3D-Plattenmodell in Abhängigkeit der bezogenen Radiallast p_r

Ebenso korrelieren die Ergebnisse bei Variation des Fugenreibwertes μ_F (**Bild 8-4**) oder der Wälzkörperanzahl Z (**Bild 8-5**) gut.

8 Berechnungsmodell zur Ermittlung der Wanderkraft

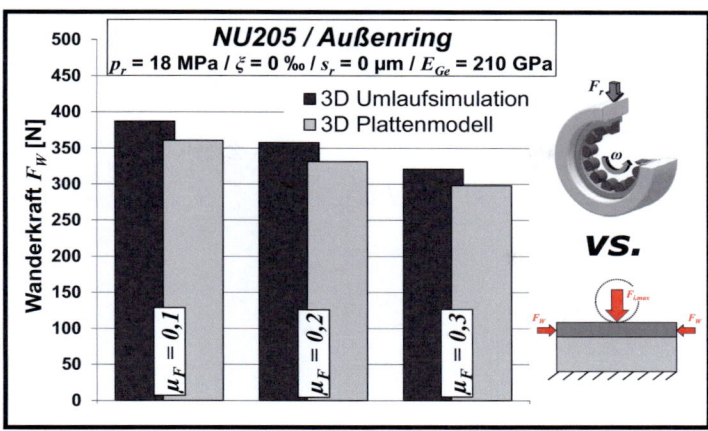

Bild 8-4: Vergleich der Wanderkräfte, ermittelt mit der 3D-Umlaufsimulation und dem 3D-Plattenmodell in Abhängigkeit des Fugenreibwertes μ_F

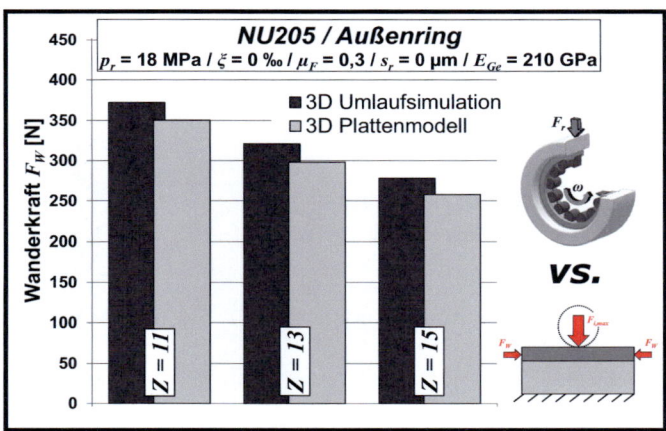

Bild 8-5: Vergleich der Wanderkräfte, ermittelt mit der 3D-Umlaufsimulation und dem 3D-Plattenmodell in Abhängigkeit der Wälzkörperanzahl Z

Weitere Vergleiche der Simulationsergebnisse aus der 3D-Umlaufsimulation und dem 3D-Plattenmodell zeigt **Bild 8-6** für das RiKuLa 6205 und **Bild 8-7** für das ToLa 20205. Dabei wird jeweils die bezogene Radiallast p_r variiert. Auch hier ist eine gute Übereinstimmung zu erkennen.

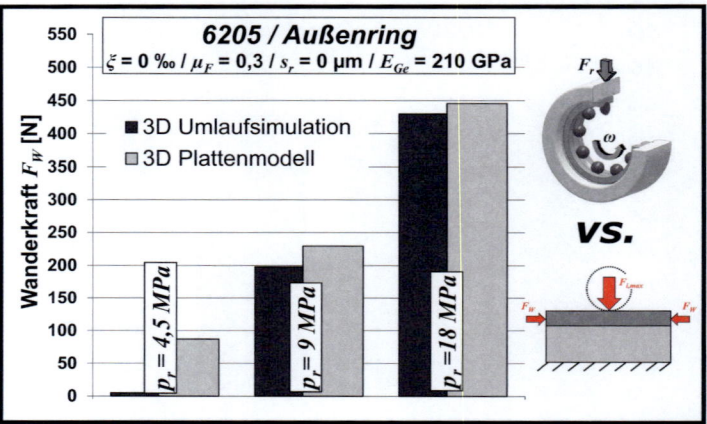

Bild 8-6: Vergleich der Wanderkräfte, ermittelt mit der 3D-Umlaufsimulation und dem 3D-Plattenmodell in Abhängigkeit der bezogenen Radiallast p_r

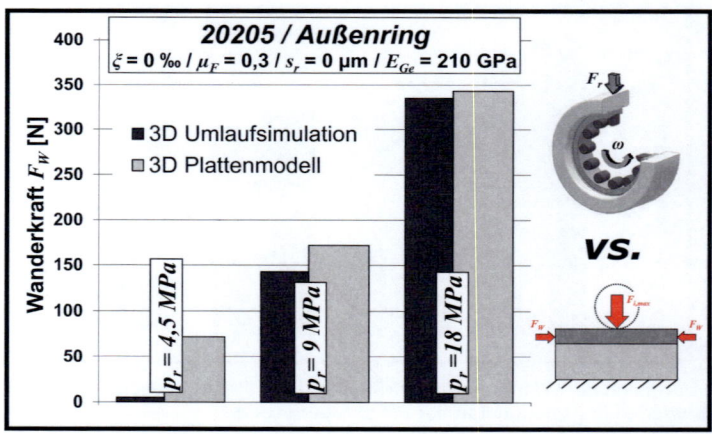

Bild 8-7: Vergleich der Wanderkräfte, ermittelt mit der 3D-Umlaufsimulation und dem 3D-Plattenmodell in Abhängigkeit der bezogenen Radiallast p_r

Auf Basis der gezeigten Ergebnisse kann davon ausgegangen werden, dass die Wanderkräfte unter Punktlast für alle gängigen Lagerbauformen und –parameter (mit Ausnahme der Fugenpassung im Lagersitz) mit dem 3D-Plattenmodell berechnet werden können.

8.3 Erweiterung des Berechnungsmodells durch Integration des Fugenspiels ξ^*

Bedingt durch den Aufbau des Plattenmodells ist die Fugenpassung im Lagersitz (Spiel bzw. Übermaß) nicht direkt abbildbar. Daher mussten diverse Parameterstudien an verschiedenen Lagerbauformen durchgeführt werden, um einen Ausgleichsfaktor zur (empirischen) Einbindung definieren zu können. **Bild 8-8** bis **Bild 8-10** zeigen die Simulationsergebnisse am Außenring der Zylinderrollenlager NU205, 216 und 220. Es ist ein annähernd exponentieller Anstieg der Wanderkraft für -0,60 ‰ ≤ ξ^* ≤ -0,05 ‰ sowie ein näherungsweise linearer Abfall der Wanderkraft F_W im Bereich $\xi^{(*)}$ > -0,05 ‰ zu erkennen.

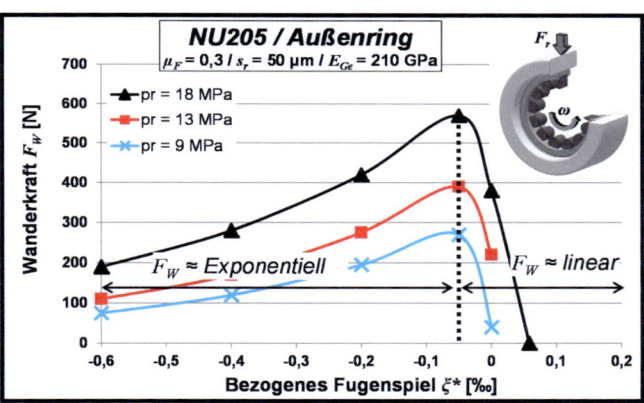

Bild 8-8: Wanderkräfte des ZyRoLa NU205 in Abhängigkeit des bezogenen Fugenspiels für unterschiedliche bezogene Radiallasten p_r

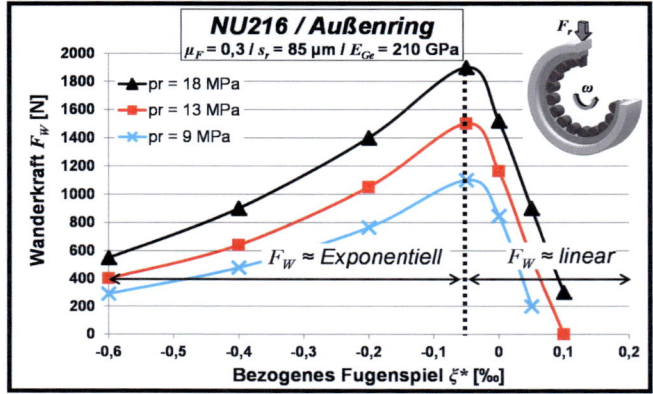

Bild 8-9: Wanderkräfte des ZyRoLa NU216 in Abhängigkeit des bezogenen Fugenspiels für unterschiedliche bezogene Radiallasten p_r

8 Berechnungsmodell zur Ermittlung der Wanderkraft

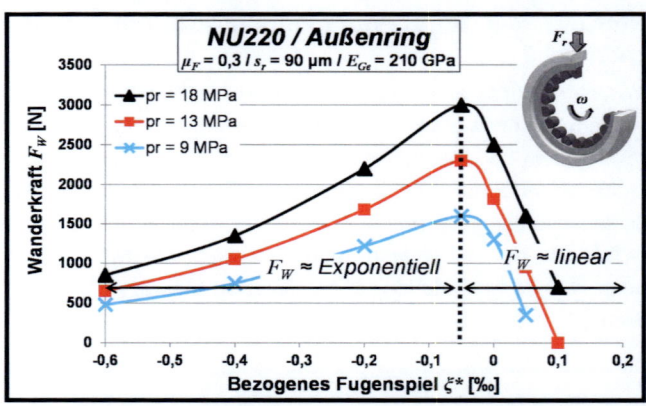

Bild 8-10: Wanderkräfte des ZyRoLa NU220 in Abhängigkeit des bezogenen Fugenspiels für unterschiedliche bezogene Radiallasten p_r

Auf Basis der Simulationsergebnisse wurde eine Überschlagsformel zur Berechnung des Fugenspieleinflusses abgeleitet. Somit lässt sich die Wanderkraft F_W für den Geltungsbereich -0,60 ‰ ≤ ξ^* ≤ -0,05 ‰ mit folgender Formel näherungsweise berechnen:

$$F_W = 1{,}48 \cdot F_{W,FE} \cdot e^{2{,}35 \cdot \xi^*} \quad F \text{ [N]}; \; \xi^* \text{ [‰]} \tag{8.3}$$

Die Wanderkraft $F_{W,FE}$ wird mittels des in Kap. 8.1 vorgestellten 3D-FE-Plattenmodells (ohne Passungseinfluss, ξ = 0 ‰) berechnet.

Die hier vorgestellte Gleichung gilt streng genommen nur für die untersuchten Lagerbauformen und -größen. Aufgrund der geometrischen Ähnlichkeit von Kataloglagern kann aber davon ausgegangen werden, dass die Anwendung auf kleinere bzw. größere Zylinderrollenlager zulässig ist. Ebenso ist eine Anwendung auf andere Bauformen denkbar.

Die gute Genauigkeit des erweiterten Berechnungsmodells spiegelt der direkte Vergleich der mit Hilfe des Plattenmodells sowie der Gleichung (8.3) berechneten Wanderkräfte mit den Ergebnissen der 3D-FE-Umlaufsimulation wider (**Bild 8-11**). Die Ergebnisse korrelieren über dem kompletten Gültigkeitsbereich.

Bild 8-11 zeigt außerdem die Ergebnisse der Wandermoment-Hypothese nach BABBICK [20] (vergl. Kap. 1.3.4). Diese Werte korrelieren annähernd für die Lager NU205 und NU216 bei einem bezogenen Fugenspiel ξ^* = -0,2 ‰. Die Ergebnisse für das Lager NU220 weichen dagegen deutlich von den FE-Ergebnissen ab.
Hierzu sind folgende Anmerkungen bezüglich der Gleichungen aus [20] erforderlich:

8 Berechnungsmodell zur Ermittlung der Wanderkraft

- Die Versuche an den Lagern NU205 und NU216, auf welchen die empirische Gleichung der Hypothese beruht, wurden bei deutlich geringeren Lasten, primär mit Gussgehäusen sowie teilweise mit reduzierter Wälzkörperanzahl durchgeführt.
- Der Einfluss des Fugenreibwertes wird nicht berücksichtigt.
- Der Gültigkeitsbereich wird von BABBICK auf ein bezogenes Fugenspiel von ca. $\zeta^* \approx$ -0,2 ‰ eingeschränkt.

Da ein direkter Vergleich zwischen Experiment und 3D-Kinematiksimulation stets zu guten Übereinstimmungen führt (vergl. Kap. 2.2.10), kann davon ausgegangen werden, dass die Hypothese von BABBICK [20] bezüglich des Lagers NU220 in ihrem Gültigkeitsbereich eingeschränkt oder um weitere Faktoren ergänzt werden muss. Dies belegen u.a. die in Bild 8-11 gezeigten Werte für die Lager NU220 und NU216. Nach der Hypothese von BABBICK hat demnach das Lager NU220 bei gleicher spezifischer Belastung eine kleinere Wanderkraft als das im Vergleich deutlich kleinere Lager NU216, was als wenig wahrscheinlich anzusehen ist.

Für kleinere Lager wie das NU 216 oder NU205 scheint eine Anwendung der Hypothese aber durchaus praktikabel, zumal die Berechnung im Vergleich zum 3D-Plattenmodell deutlich einfacher und schneller zu bewerkstelligen ist.

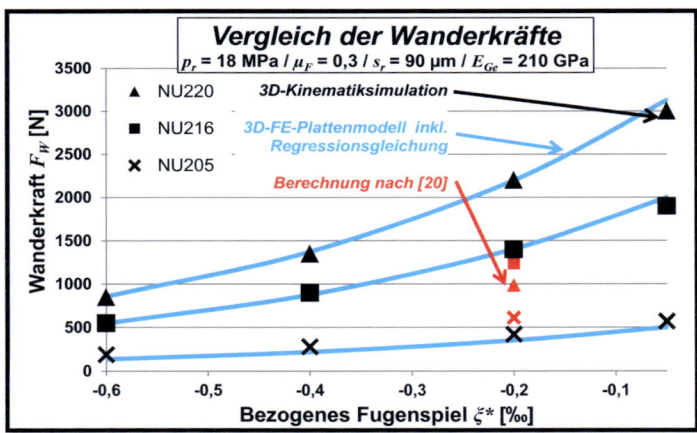

Bild 8-11: Vergleich der Wanderkräfte aus 3D-Kinematiksimulation, 3D-Plattenmodell inkl. Regressionsgleichung und der Berechnung nach Babbick [20] in Abhängigkeit des Fugenspiels und der Lagergröße

9 Zusammenfassung

In dieser Arbeit wurden numerische Grundlagenuntersuchungen hinsichtlich des Wanderverhaltens von Wälzlagern durchgeführt. Der Begriff Wandern bezeichnet raupenartige Walkbewegungen der Lagerringe, welche zu einem kontinuierlichen Verdrehen der Lagerringe gegenüber der Anschlussgeometrie führen.

Mittels diverser Finite-Elemente-Analysen wurden anhand von komplexen 3D-Kinematiksimulationen erstmals die kinematischen Vorgänge in Lagersitzen unter realen Randbedingungen nachgebildet und die unterschiedlichen Schlupfeffekte definiert.

Bezüglich der Wandereffekte verdeutlichen die FE-Simulationen, dass Wanderbewegungen durch lokale Schlupfzonen im Lagersitz generiert werden. Dabei treten zunächst nur örtlich begrenzte Mikrobewegungen auf, welche sich infolge der Betriebsbelastung kontinuierlich in tangentialer Richtung über den gesamten Lagersitz ausbreiten. Unter Punkt- und Umfangslast treten prinzipiell die gleichen Effekte auf, woraus sich eine nahezu identische Grenzbelastung bezüglich Wandern (die sog. Wandergrenze) für beide Lastfälle ergibt. Einzig der Betrag der Wanderbewegungen bei Überschreitung der Wandergrenze (die sog. Wanderneigung) eines Lagerringes differiert deutlich in Abhängigkeit der Lastform. So ist die Wanderneigung umfangslastiger Lagerringe deutlich höher als die punktlastiger.

Im Mittelpunkt der Untersuchungen standen die Einflussparameter, welche Wandern verursachen und begünstigen sowie geometrische und konstruktive Abhilfemaßnahmen zur Verringerung bzw. Eliminierung der Wandereffekte. **Bild 9-1** fasst die relevanten Einflussgrößen und Maßnahmen zusammen und bewertet diese qualitativ.

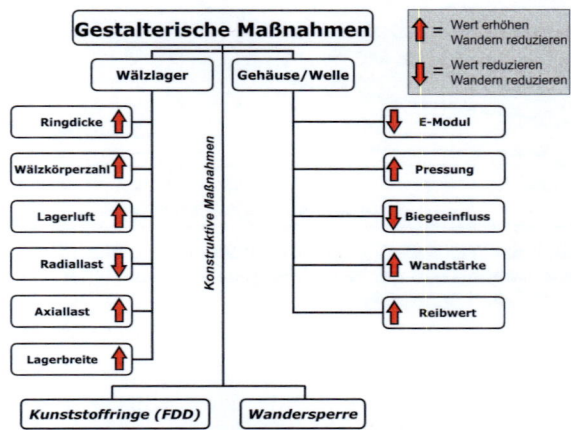

Bild 9-1: Abhilfemaßnahmen gegen Wanderbewegungen

9 Zusammenfassung

Basierend auf den gewonnenen Erkenntnissen kann der Einsatz breiter, vollrolliger Wälzlager zur Reduzierung der Wanderneigung empfohlen werden. Ebenso ist die Einstellung bzw. die Erhöhung der Pressung im Lagersitz eine wirksame Maßnahme zur Vermeidung von Wandern, wobei die getroffenen Empfehlungen nicht immer realisierbar sind. Der Anwender muss dabei immer die Wechselwirkung der gewählten Maßnahme mit anderen teilweise unveränderbaren Randbedingungen beachten.

Weiterhin liefert die Arbeit dem Anwender anhand ausführlicher Parameteranalysen konkrete Hinweise zur Optimierung seiner Lagerkonstruktion bezüglich der Lagerwahl. Die Untersuchungen zeigen, dass das Kegelrollenlager (KeRoLa) und das Schrägkugellager (ScKuLa) die Bauformen mit der höchsten Wandergrenze darstellen (**Bild 9-2**). Das Zylinderrollenlager (ZyRoLa) sowie das Tonnenlager (ToLa) weisen niedrigere Grenzbelastungen auf und sind daher anfälliger gegen Wandern. Am ungünstigsten sind Rillenkugellager.

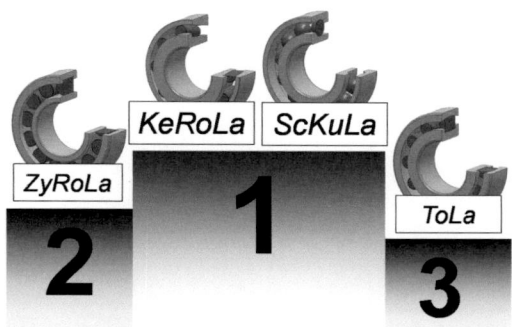

Bild 9-2: Bewertung der Lagerbauformen hinsichtlich ihrer Wandergrenze

Bei der Analyse der Lagerbaugröße konnte ein Einfluss auf die Wanderneigung nachgewiesen werden, wobei keine allgemeingültige Aussage zu dessen Verlauf getroffen werden kann. So zeigen die Ergebnisse, dass die untersuchten Lager mit zunehmender Größe eine steigende bezogene radiale Grenzbelastung aufweisen, d.h. dass größere Lager tendenziell nicht so anfällig für Wandern sind wie kleinere Lager derselben Bauform. Das untersuchte Großlager verhält sich jedoch gegenläufig, d.h. dass dieses eine geringere bezogene Grenzbelastung aufweist, da die relative (bezogene) Lagerringwandstärke hier sehr klein ist.

Für die praktische Handhabung wurden Berechnungsmodelle entwickelt, die eine Ermittlung wanderkritischer Betriebszustände sowie der auftretenden Wanderkräfte bei Überschreitung der Wandergrenze erlauben. Die Berechnung der Wandergrenze für *biegemomentfreie* Lagersitze erfolgt mittels des COULOMB'schen Reibgesetzes unter Verwendung analytischer Gleichungen zur Berechnung der lokalen Spannun-

9 Zusammenfassung

gen im Lagersitz. Der Berechnungsalgorithmus wurde mittels einer einfachen 2D-FE-Routine programmtechnisch umgesetzt. Das vollautomatisierte Programm mit dem Namen *SimWag* bestimmt selbstständig anhand der geometrischen Eingabedaten, ob das untersuchte Lager die Wandergrenze über- oder unterschreitet.

Zur Ermittlung wanderkritischer *biegemomentbelasteter* Lagersitze wurden empirische Gleichungen auf Basis des Klaffbiegemomentes erarbeitet. Zudem wurde eine einfache allgemeingültige FE-Simulationsmethodik auf Basis eines Lagersegments unter statischer Last entwickelt, mit welcher die Wanderkraft bzw. das Wandermoment von punktlastigen Außenringen überschlägig berechnet werden kann.

Da der Wandervorgang ein schlupfbasierter Effekt ist, muss die mit dem Schlupf einhergehende Passungsrostbildung im Lagersitz und die damit verbundene Verringerung der Bauteilfestigkeit berücksichtigt werden. Hierbei steht insbesondere die Festigkeit der Welle im Fokus, welche infolge der Lagerlast mit einer Biegebeanspruchung beaufschlagt werden kann. Die durchgeführten Untersuchungen zeigen, dass unter „typischen" Einsatzbedingungen (geringe Pressung, kleiner Biegeanteil) ein wandersicher ausgelegtes Lager die Dauerfestigkeit der Welle einschließt. Eine Ausnahme bilden hierbei Lagersitze mit hoher Pressung bei Verwendung von Wellenwerkstoffen mit geringer Festigkeit. Für diese Anwendungsfälle ist der Einsatz einer zusätzlichen festigkeitserhöhenden Maßnahme (z.B. Beschichtung oder thermochemische Behandlung der Welle) erforderlich.

10 Ausblick

Die bisher durchgeführten Untersuchungen lassen konkrete Rückschlüsse auf die Mechanismen des „schädlichen Wanderns" bei radialer und axialer Belastung unter verschiedenen Betriebsbedingungen zu. Die ermittelten Signifikanzen erlauben dabei eine Optimierung des Lagersitzes und damit eine Erhöhung der Wandergrenze. Eine verifizierte Auswahl von geeigneten konstruktiven und tribologischen Abhilfemaßnahmen sowie die zugehörigen Auslegungsrichtlinien zur sicheren Vermeidung des Wanderns bei Überschreitung dieser Grenzlast liegen bislang jedoch nicht vor. Da Wandern aufgrund konstruktiver Randbedingungen und nicht zuletzt wegen der stetig steigenden Anforderungen – z.b. hohe Belastungen bei kleinem Bauraum (Downsizing) – ohne zusätzliche Maßnahmen zunehmend nicht mehr vermeidbar ist, besteht diesbezüglich ein dringender Handlungsbedarf.

Daher sollten zukünftig zu den in dieser Arbeit definierten und stichprobenartig verifizierten Abhilfemaßnahmen umfangreiche Untersuchungen folgen. Ziel sollte dabei die Konzipierung und Bereitstellung von Werkzeugen zur Bewertung und Dimensionierung von tribologischen, konstruktiven und gestalterischen Maßnahmen sein, um das Wälzlagerwandern bereits in der Konstruktionsphase sicher ausschließen zu können. Damit kann zukünftig auch die Wanderneigung derjenigen Lager sicher eliminiert werden, die nach heutigem Forschungsstand – aufgrund der vorliegenden Randbedingungen – nicht wanderfrei auszulegen sind. Als Ergebnis wäre ein Konstruktionskatalog denkbar, mit dem der Anwender für seinen jeweiligen Anwendungsfall Abhilfemaßnahmen gegen Wandern bestimmen, auslegen und direkt umsetzen kann. Außerdem sollte für eine umfassende Betrachtung eine wirtschaftliche (Relativ-)Kosten-Nutzen-Betrachtung den Auswahlprozess unterstützen. Entsprechende Forschungsarbeiten werden derzeit im Rahmen der Forschungsvereinigung Antriebstechnik e.V. durchgeführt [39].

Weiterhin gilt es, die in dieser Arbeit vorgestellten Berechnungsmodelle zu erweitern. Es sollten axiale Lagerlasten sowie der zugehörige Stirnkontakt der Lagerung Berücksichtigung finden. Die Einbindung von verschiedenen Lageranschlussgeometrien wie z.B. von Planetenradlagerungen stellt ebenso ein wichtige zukünftige Aufgabe dar. Abschließend ist eine programmtechnische Umsetzung der Berechnungsmodelle zweckmäßig, um dem Anwender den Zugang und die Anwendung der Forschungsergebnisse zu vereinfachen. Derzeit werden hierzu erste Arbeiten im Rahmen der Forschungsvereinigung Antriebstechnik e.V. durchgeführt [65].

11 Literatur

[1] N.N.: Wälzlagerschäden - Schadenserkennung und Begutachtung gelaufener Wälzlager. Schweinfurt: Schaeffler Technologies GmbH & Co. KG, 2011

[2] Bauer, E.; Wikidal, F.; Gellermann, Th.: Überblick über die Schäden am mechanischen Strang von Windenergieanlagen. Aachen: Verlag Mainz, Tagungsband ATK, 2005, S. 1-22

[3] Sensen, E.: Schäden an Windenergieanlagen aus der Sicht des Versicherers. Dresden: Verlag der Wissenschaften, Tagungsband DMK, 2009, S. 507-509

[4] Krüger, H.; Heller, U.: Schadenerfahrung mit dem Triebstrang von Windkraftanlagen, Seevetal: Verlag Natürliche Energie. Zeitschrift „Windkraft Journal", Ausgabe 3, 2001, S. 18-26

[5] Leedham, R. C.; Weins, W. N.: Mechanistic aspects of Bearing Burn-Off. Anaheim, CA: American Society of Mechanical Engineers, Tagungsband Rail Transportation Rtd-Vol. 5, 1992, S. 175-182

[6] Anderson G. B.; Smith, R. K.: Burn-off Simulation of a Railroad Bearing. Atlanta, Georgia: ASME Rail Transportation Division, Tagungsband Rail Transportation RTD-Vol. 12, 1996, S.87-96

[7] Wang, J.M.; Anderson G.B.; Smith, R.: Effects of cone/axle rubbing on the thermomechanical behavior of a railroad axle. Chicago, IL: Tagungsband des International Mechanical Engineering Congress and Exposition, 1994, S. 181-190

[8] Nagatomo, T.; Toth, D.G.: Investigation of the Bearing Damage Progression Starting from Cone Creep of a Railroad Axle Journal Bearing. Tokyo: Railway Technical Research Institute, Quarterly Report of RTRI, Vol. 47, No. 3, 2006, S. 119-124

[9] Leidich, E.: Zylinderpressverband – Berechnung der Pressungsverteilung im zylindrischen Pressverband bei äußerer Belastung. Frankfurt/M.: Forschungsvereinigung Antriebstechnik e.V., Abschlussbericht, Heft 161, 1984

11 Literatur

[10] Häusler, N.: Der Mechanismus der Biegemomentübertragung in Schrumpfverbindungen. Dissertation, TU Darmstadt, 1974

[11] Gropp, H.: Übertragungsverhalten dynamisch belasteter Preßverbindungen. Habilitation, TU Chemnitz, 1996

[12] Smetana, T.: Untersuchungen zum Übertragungsverhalten biegebelasteter Kegel- und Zylinderpressverbindungen. Dissertation, TU Chemnitz, 2001

[13] Junghans, R.; Neukirchner, J.: Schäden an Wälzlagern durch Schwingungsverschleiß. Düsseldorf: VDI-Verlag GmbH, VDI-Bericht 1706, 2002, S. 457-474

[14] Gold, P. W.; Schelenz, R.; Elgeti, H.: Untersuchungen zum Lagerringwandern in einem Getriebe mit Hilfe der FEM. Frankfurt/M.: Forschungsvereinigung Antriebstechnik e.v., Tagungsband SimPEP „Simulation im Entwicklungsprozess", 2007, S. 309-317

[15] Sauer, B.; Leidich, E.; Aul, E.; Walther, V.: Wandern von Wälzlager-Innen- und Außenringen unter verschiedenen Einsatzbedingungen. Frankfurt/M.: Forschungsvereinigung Antriebstechnik e.v., Abschlussbericht, Heft 852, 2007

[16] Leidich, E.; Sauer, B.; Maiwald, A.; Babbick, T.: Beanspruchungsgerechte Auslegung von Wälzlagersitzen unter Berücksichtigung von Schlupf- und Wandereffekten. Frankfurt/M.: Forschungsvereinigung Antriebstechnik e.v., Abschlussbericht, Heft 956, 2010

[17] Leidich, E.; Walter, V.; Maiwald, A.: Relativbewegungen von Wälzlagerringen (Teil 1). Mainz: Vereinigte Fachverlage, Zeitschrift „Antriebstechnik", Ausgabe 11, 2009, S. 70-76

[18] Leidich, E.; Walter, V.; Maiwald, A.: Relativbewegungen von Wälzlagerringen (Teil 2). Mainz: Vereinigte Fachverlage, Zeitschrift „Antriebstechnik", Ausgabe 04, 2010, S. 38-40

[19] DIN 7190, Pressverbände – Berechnungsgrundlagen und Gestaltungsregeln. Berlin: Beuth Verlag, 2001

[20] Babbick, T.: Wandern von Wälzlagerringen unter Punktlast. Dissertation, TU Kaiserslautern, 2012

11 Literatur

[21] Steinhilper, W.; Sauer, B. [Hrsg.]: Konstruktionselemente des Maschinenbaus 2. 7. Auflage. Berlin: Springer Verlag, 2012

[22] DIN 5425, Wälzlager, Toleranzen für den Einbau, Allgemeine Richtlinien. Berlin: Beuth Verlag, 1984 (2010 zurückgezogen)

[23] N.N.: SKF-Hauptkatalog. Schweinfurt: SKF GmbH, 2011

[24] N.N.: FAG-Hauptkatalog. Schweinfurt: Schaeffler Technologies GmbH & Co. KG, 2011

[25] Aul, E.; Sauer, B.: Bewegungsmechanismen beim Wandern von Wälzlagerringen – Wandern von Außenringen bei Punktlast. Düsseldorf: Springer-VDI-Verlag, Zeitschrift „Konstruktion", Ausgabe 03, 2010, S. 60-65

[26] Aul, E.; Sauer, B.: Deutung der Bewegungsmechanismen beim Wandern von Wälzlageraußenringen unter Punkt- und Umfangslast. Zeitschrift "Konstruktion", Ausgabe 10, 2011, S.83-86

[27] Leidich, E.; Brůžek, B.; Winkler, M.: Gestaltfestigkeit von Pressverbindungen. Frankfurt/M.: Forschungskuratorium Maschinenbau e.V., Abschlussbericht, Heft 305, 2009

[28] DIN 50900, Korrosion der Metalle. Berlin: Beuth Verlag, 2006

[29] Gropp, H.: Die Übertragungsfähigkeit von Längspressverbindungen bei dynamischer Belastung durch wechselnde Drehmomente. Dissertation, TH Karl-Marx-Stadt, 1975

[30] Vidner, J.; Leidich, E.: Entwicklung eines universellen realitätsnahen Prüfverfahrens für reibdauerbeanspruchte antriebstechnische Tribosysteme. Aachen: GfT Tribologie-Fachtagungsband, Ausgabe 49, 2008, S. 71.1-71.13

[31] Podscekoldin, M.; Golubovskij, W.: Titel russisch: Untersuchung des Durchdrehens der örtlich belasteten Außenringe. Kiev: Avtomobil'nyj transport, Band 10, 1973, S. 64-67

[32] Podscekoldin, M.; Golubovskij, W.: Elastic oscillations in anti-friction bearings assemblies. Machines & Tooling, No. 7, 1973

11 Literatur

[33] Podscekoldin, M.; Golubovskij, W.: Titel russisch: Einfluss der Ovalität der Lagerbohrung auf die Wälzlagerlebensdauer. Kiev: Avtomobil'nyj transport, Band 11, 1974, S. 93-94

[34] Aul, E.: Analyse von Relativbewegungen in Wälzlagersitzen. Dissertation, TU Kaiserslautern, 2008

[35] Zhan, J.; Yukawa, K.; Takemura, H.: A study on bearing creep mechanism with FEM simulation. Seattle: ASME, Tagungsband International Mechanical Engineering Congress And Exposition, Volume 12, 2008, S. 43 - 47

[36] Hertz, H.: Über die Berührung fester elastischer Körper. Berlin: De Gruyter Verlag, Journal für reine und angewandte Mathematik, Nr. 92, 1882, S. 156-171

[37] Dahlke, H.: Handbuch Wälzlagertechnik. Wiesbaden: Vieweg Verlag, 1994

[38] Bosch, M.: Berechnung der Maschinenelemente. 3. Auflage, Berlin: Springer Verlag, 1953

[39] Sauer, B.; Leidich, E.; Thiele, S.; Schiemann, T.: Definition und Auslegung von konstruktiven und tribologischen Abhilfemaßnahmen gegen tangentiale Wanderbewegungen von Wälzlagerringen. Frankfurt/M.: Forschungsvereinigung Antriebstechnik e.V., Sachstandsbericht, Forschungsvorhaben FVA 479 IV, 2013

[40] Li, R. I.; Bogdanov, A. V.: Increasing the life time of bearing systems by using polymeric materials. Moskau: Masinostroenie, Zeitschrift "Tjazeloe Masinostroenie", Heft 4, 2005, S. 18-20

[41] N.N.: NSK-Hauptkatalog. Ratingen: NSK Deutschland GmbH, 2011

[42] DIN 7190, Pressverbände – Berechnungsgrundlagen und Gestaltungsregeln. Berlin: Beuth Verlag, 2001

[43] N.N.: Abaqus Manual 6.8. Aachen: Dassault Systemes Simulia GmbH, 2008

[44] N.N.: http://medias.schaeffler.de. 2012

11 Literatur

[45] DIN ISO 281, Wälzlager - Dynamische Tragzahlen und nominelle Lebensdauer. Berlin: Beuth Verlag, 2009

[46] Babbick. T.; Sauer B.: Reibwertermittlung in zylindrischen Pressverbänden. Düsseldorf: VDI-Verlag GmbH, VDI-Bericht 2069, 2009, S. 103-114

[47] Maiwald, A.; Leidich, E.: 3D-Kinematiksimulation von Wälzlagerringen. Dresden: Verlag der Wissenschaften, Tagungsband DMK, 2009, S. 565-579

[48] Maiwald, A.; Leidich, E.: Einflussfaktoren auf das tribologische Verhalten von biegefreien Wälzlagersitzen bei Relativbewegungen infolge Wandern. Aachen: GfT Tribologie-Fachtagungsband, Ausgabe 51, 2010, S. 31.1-31.19

[49] N.N.: Advanced Bearings for Semiconductor Applications. Herzogenrath: Cerobear GmbH, 2012

[50] DIN 618, Wälzlager – Nadellager – Nadelhülsen und Nadelbüchsen, mit Käfig. Berlin: Beuth Verlag, 2008

[51] Hofmann, H.; Eidloth, R.; Plank, R.; Ruoff, G.: Das Kugelrollenlager. Bühl: LuK GmbH & Co. KG, LUK Kolloquium 8, 2006

[52] Defaye, C.; Nelias, D.; Leblanc, A.; Bon, F.: Theoretical Analysis of High-Speed Cylindrical Roller Bearing with Flexible Rings Mounted in a Squeeze Film Damper. London: Taylor & Francis, Tribology Transactions 51, 2008, S.762 - 770

[53] N.N.: Konstruieren mit technischen Werkstoffen. Buchholz: Licharz GmbH, 2006

[54] Müller, H.: Wälzlager mit besonderem Korrosionsschutz. Zeitschrift "Konstruktion", Ausgabe 05, 2010, S.12-13

[55] Rasner, J.: Self-lubricated Molded Liner Materials for Aerospace Applications. Dissertationsschrift, TU Magdeburg, 2008

[56] Xu, J.; Zhu, M.H.; Zhou, Z.R.: Fretting wear behavior of PTFE-based bonded solid lubrication coatings. Amsterdam: Elsevier, Thin solid Films, 2004, S. 320-325

11 Literatur

[57] Leidich, E.; Maiwald, A.: Benchmark Fretting. Frankfurt/M.: Forschungsvereinigung Antriebstechnik e.v., Abschlussbericht, Heft 994, 2011

[58] DIN 743-1, Tragfähigkeitsberechnung von Wellen und Achsen - Teil 1: Grundlagen. Berlin: Beuth Verlag, 2012

[59] Leidich, E.; Brůžek, B.: Gestaltfestigkeit von Pressverbindungen II. Frankfurt/M.: Forschungskuratorium Maschinenbau e.V., Abschlussbericht, Heft 320, 2013

[60] Leidich, E.; Vidner, J.: Entwicklung einer Auslegungsrichtlinie für reibkorrosionsgefährdete Fügeverbindungen. Frankfurt/M.: Forschungsvereinigung Verbrennungskraftmaschinen e.v., Abschlussbericht, Heft 984, 2013

[61] Sonntag, R.: Über einige technisch wichtige Spannungszustände in ebenen Blechen. Habilitationsschrift, TH München, 1928

[62] Zastrau, B.; Neuberg, R.: Vorlesungsmanuskript zur Lehrveranstaltung ebener Flächentragwerke. Lehrmaterial, TU Dresden, 2002

[63] Gross, D.; Hauger, W.; Wriggers, P.: Technische Mechanik, Band 4. 7. Auflage. Berlin: Springer Verlag, 2009

[64] Sontowski, M.: Finite-Elemente-Parameteranalyse an Zylinderrollen-Wälzlagern unter Biegebelastung, Diplomarbeit, TU Chemnitz, 2009

[65] Rieg, F.; Nützel, F.: Erweiterung des FEA-Solvers im FVA-Programm SIMWAG durch Z88. FVA-Forschungsvorhaben, Forschungsvereinigung Antriebstechnik, Frankfurt/M., 2013, laufend

[66] Leidich, E.; Schuller, S.: Haftreibung. Frankfurt/M.: Forschungsvereinigung Verbrennungskraftmaschinen e.V., Abschlussbericht, FVV Heft 906, 2010

Anhang 1: Ergänzung zu Kapitel 2.2.6

Um die tendenzielle Reibwertentwicklung bei Verwendung eines Stahlguss-Gehäuses in Verbindung mit einem Lagerring aus 100Cr6 E (gehärtet) experimentell zu ermitteln, wurden zusätzlich Reibwertversuche an Stirnpressverbindungen unter Laborbedingungen durchgeführt. Den speziell für Oberflächen- und Reibwertuntersuchungen entwickelten Prüfstand zeigt **Bild 11-1** (a). Wie aus Bild 11-1 (b) ersichtlich, wurden für die Untersuchungen die Stirnflächen zweier zylindrischer Probenkörper mit der Normalkraft F_N beaufschlagt und anschließend um den Winkel φ relativ zueinander verdreht. Dabei wird das erforderliche Torsionsmoment T_R gemessen und über den mittleren Reibradius $D_R/2$ der resultierende Reibbeiwert μ berechnet.

$$\mu = \frac{2 \cdot T_R}{D_R \cdot F_N} \qquad (12.1)$$

Eine ausführliche Beschreibung des Prüfstandes sowie der Prüfmethodik ist aus [66] zu entnehmen.

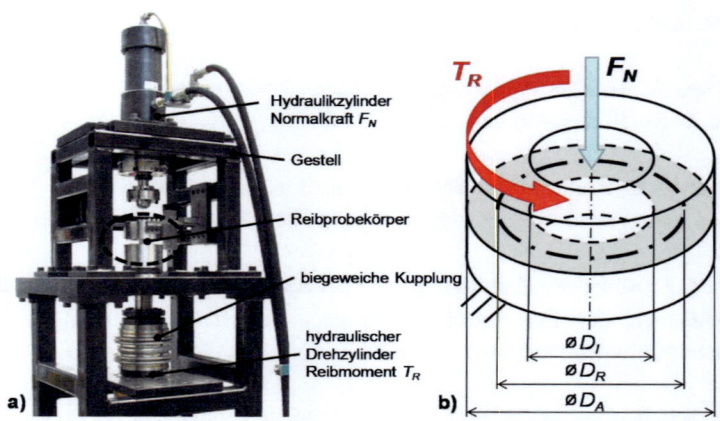

Bild 11-1: Standardprüfstand für Reibwertuntersuchungen; a) Gesamtansicht, b) Wirkflächenbelastung und -geometrie [66]

Der resultierende Fugendruck p_F betrug 80 MPa, was beispielsweise dem maximalen Fugendruck im Lagersitz des Zylinderrollenlagers NU205 bei einer Radiallast F_R = 5 kN entspricht. Während des Versuchs wurden die Proben mit einer Frequenz f = 22 Hz 150000-mal um den Winkel $\Delta\varphi$ = ±0,2° (Schlupfamplitude ≈ 40 µm) relativ zueinander verdreht. Es wurde jeweils ein Probekörper aus 100Cr6 (Wälzlagerstahl,

Anhang

gehärtet auf 63 HRC) mit einem Probekörper aus C45 (Vergütungsstahl), GJS400 (Gusseisen) oder EN AW 6082 (Aluminium) gepaart.
Die Versuche wurden hinsichtlich des resultierenden Reibwertes in Abhängigkeit der Lastwechselzahl ausgewertet. Die Ergebnisdarstellung erfolgt als maximaler Reibwert je Zyklus $\mu_{Z,max}$ über der jeweiligen Lastwechselzahl. Der erreichbare Maximalwert kann dabei dem Haftreibwert-Peak (**Bild 11-2**, links) oder dem Endwert einer Schlupfamplitude (Bild 11-2, rechts) entsprechen. Zudem kann sich das Maximum im positiven oder negativen Moment-Bereich des Lastzyklus befinden. Daher wird jeweils der Betrag ausgewertet.

$$\mu_{Z,max} = \left| \frac{2 \cdot T_{R,Z,max}}{D_R \cdot F_N} \right| \qquad (12.2)$$

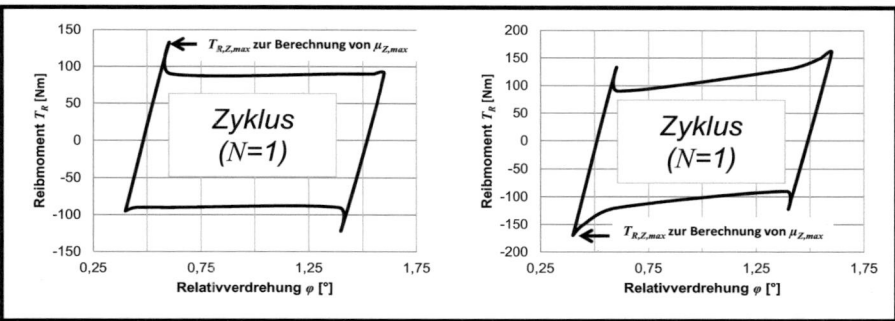

Bild 11-2: Auswertung des maximalen Torsionsmoments in Abhängigkeit des Reibmomentverlaufs [57]

Anhang 2: Ergänzung zu Kapitel 7.3.3.2

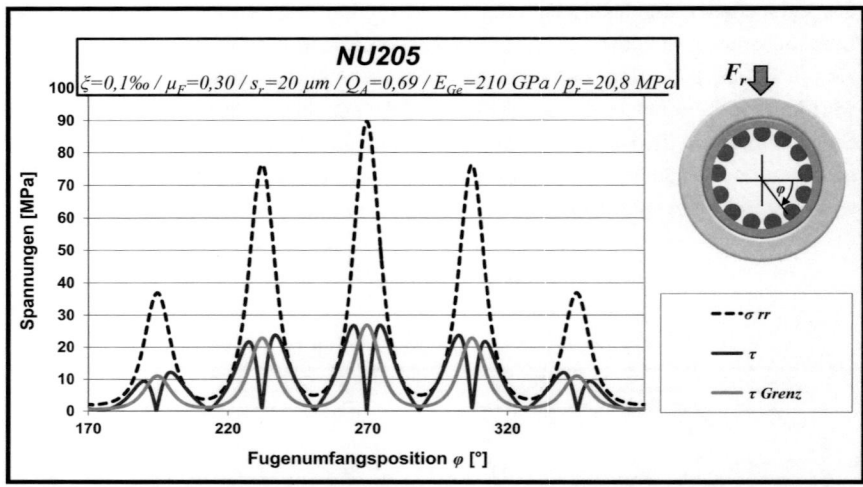

Bild 11-3: Mit Hilfe der 2D-Scheibensimulation berechnete Radial- (σ_{rr}) und Schubspannungen (τ) in der Lastzone sowie die grenzwertigen Schubspannungen τ_{Grenz} für die kritische bezogene Radialbelastung $p_{r,Grenz}$ (Wandergrenze) (NU205) bei Presspassung

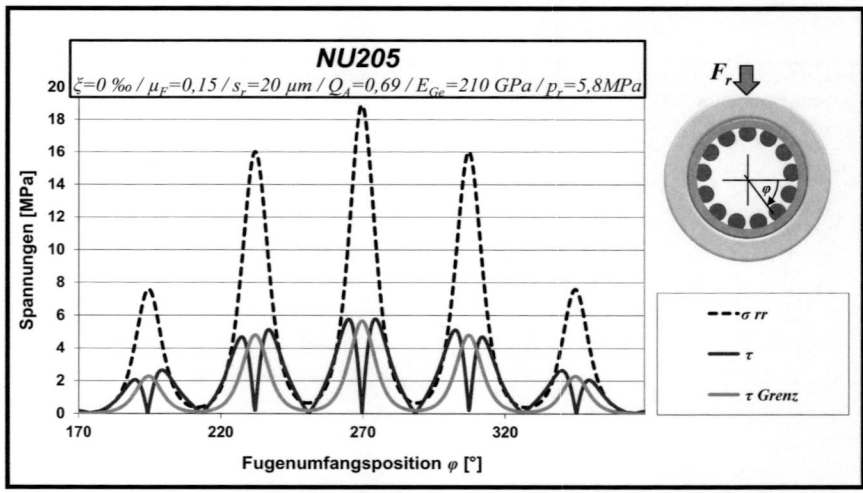

Bild 11-4: Mit Hilfe der 2D-Scheibensimulation berechnete Radial- (σ_{rr}) und Schubspannungen (τ) in der Lastzone sowie die grenzwertigen Schubspannungen τ_{Grenz} für die kritische bezogene Radialbelastung $p_{r,Grenz}$ (Wandergrenze) (NU205) bei Übergangspassung

Anhang

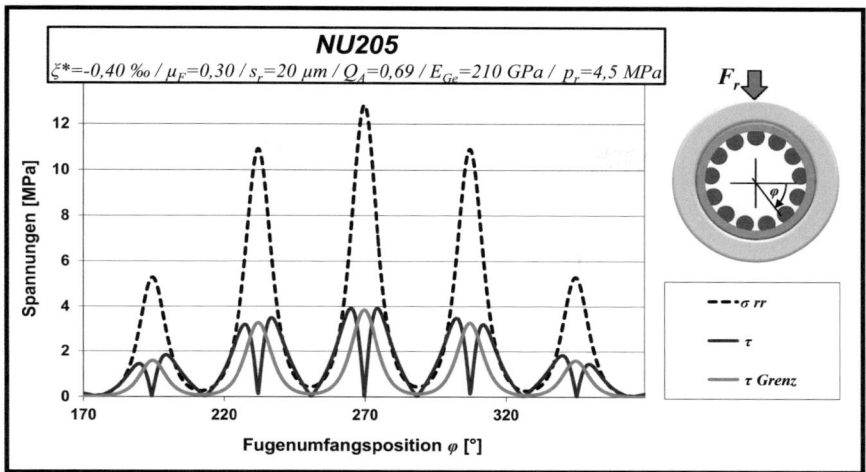

Bild 11-5: Mit Hilfe der 2D-Scheibensimulation berechnete Radial- (σ_{rr}) und Schubspannungen (τ) in der Lastzone sowie die grenzwertigen Schubspannungen τ_{Grenz} für die kritische bezogene Radialbelastung $p_{r,Grenz}$ (Wandergrenze) (NU205) bei Spielpassung

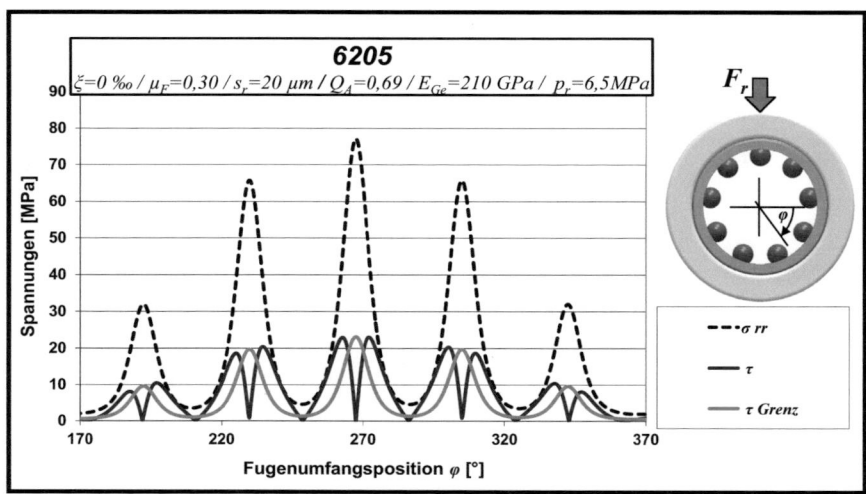

Bild 11-6: Mit Hilfe der 2D-Scheibensimulation berechnete Radial- (σ_{rr}) und Schubspannungen (τ) in der Lastzone sowie die grenzwertigen Schubspannungen τ_{Grenz} für die kritische bezogene Radialbelastung $p_{r,Grenz}$ (Wandergrenze) (6205) bei Übergangspassung

Ergänzung zu Kapitel 7.3.3.3

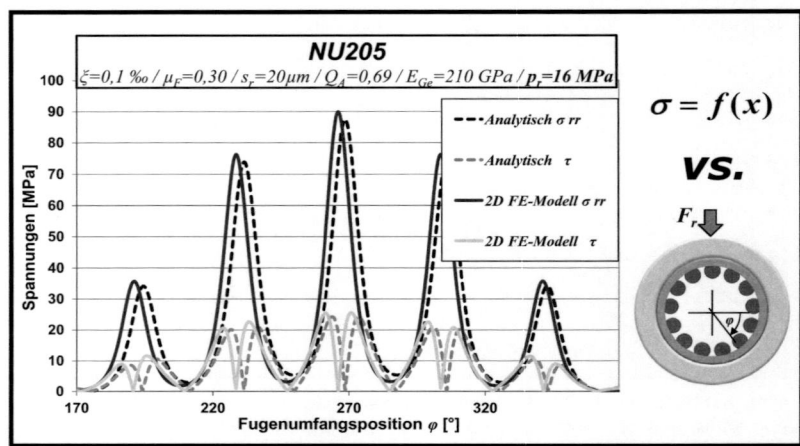

Bild 11-7: Vergleich der analytisch und iterativ berechneten Radial- (σ_{rr}) und Schubspannungen (τ) in der Lastzone (NU205)

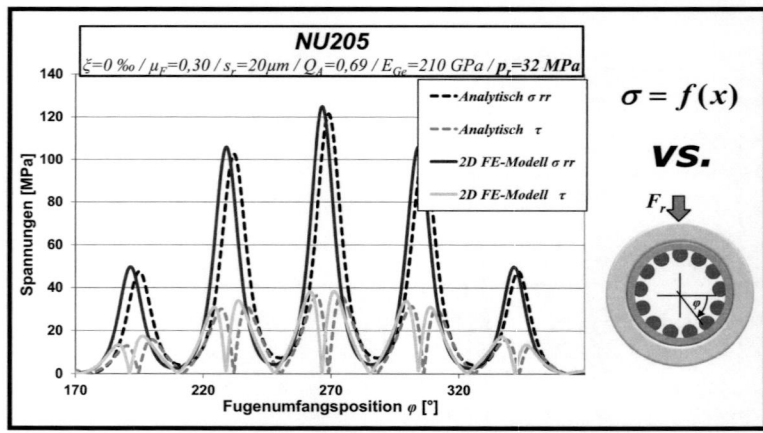

Bild 11-8: Vergleich der analytisch und iterativ berechneten Radial- (σ_{rr}) und Schubspannungen (τ) in der Lastzone (NU205)

Anhang

Anhang 3: Ergänzung zu Kapitel 7.4.1

Im Folgenden werden alle notwendigen Gleichungen sowie die zugehörigen Gültigkeitsbereiche zur Berechnung des K-Faktors dargestellt. Dieser Faktor vereint alle zur Ermittlung des Klaffbiegemoments erforderlichen Koeffizienten zu einer Konstante.

$$K(B,\mu_F,Q_i,Q_l,\xi,\kappa) = K_{\mu_F} \cdot K_{Q_i} \cdot K_{Q_l} \cdot K_\xi \cdot K_\kappa \qquad (12.3)$$

$$0{,}25 \leq \frac{B}{d_F} \leq 1{,}70 \qquad (12.4)$$

$$0{,}05 \leq \mu_F \leq 1 \qquad (12.5)$$

$$0{,}00001 \leq \xi \leq 0{,}002 \quad \xi = \frac{\Delta d}{d_F} \qquad (12.6)$$

$$0 \leq Q_l \leq 0{,}8 \quad Q_l = \frac{d_l}{d_F} \qquad (12.7)$$

$$0{,}25 \leq Q_i \leq 0{,}9 \quad Q_i = \frac{d_F}{d_a} \qquad (12.8)$$

$$0{,}75 \leq \kappa \leq 7{,}5 \qquad (12.9)$$

$$\kappa = \frac{h_1}{d_F} = \frac{h_2}{d_F} = \frac{h}{d_F} \qquad (12.10)$$

Die einzelnen Koeffizienten des K-Faktors berechnen sich wie folgt:
- Reibwert μ_F

$$K_{\mu_F} = 0{,}463 \cdot \mu_F^2 - 0{,}789 \cdot \mu_F + 1{,}198 \text{ für } 0{,}25 \leq \frac{B}{d_F} < 1{,}35 \qquad (12.11)$$

$$K_{\mu_F} = 1{,}16 \cdot \left(\frac{B}{d_F}\right)^{-0{,}28} \cdot \left(-0{,}87 \cdot \mu_F^2 + 0{,}729 \cdot \mu_F + 0{,}87\right) \text{ für } 1{,}35 \leq \frac{B}{d_F} \leq 1{,}70 \quad (12.12)$$

- Durchmesserverhältnis Lagerring Q_i

$$K_{Q_i} = -\frac{0{,}42}{\left(\frac{B}{d_F}\right)^{0{,}78}} \cdot Q_i^2 + \left(\frac{B}{d_F}\right) \cdot Q_i + 0{,}63 \cdot \left(\frac{B}{d_F}\right)^{-0{,}73} \text{ für } \begin{array}{l} 0{,}6 \leq Q_i < 0{,}81 \\ 0{,}25 \leq \frac{B}{d_F} \leq 0{,}675 \end{array} \qquad (12.13)$$

135

Anhang

$$K_{Q_i} = 5{,}392 \cdot Q_A^2 - 6{,}956 \cdot Q_A + 3{,}2 + 0{,}13 \cdot \left(\frac{B}{d_F}\right)^{0{,}72} \text{ für } \begin{array}{l} 0{,}6 \leq Q_i < 0{,}81 \\ 0{,}675 < \dfrac{B}{d_F} \leq 1{,}70 \end{array} \quad (12.14)$$

$$K_{Q_i} = 7{,}96 \cdot Q_i^2 - 11{,}485 \cdot Q_i + 5{,}2 + 0{,}08 \cdot \left(\frac{B}{d_F}\right)^{0{,}1} \text{ für } \begin{array}{l} 0{,}81 \leq Q_i \leq 0{,}9 \\ 0{,}25 \leq \dfrac{B}{d_F} \leq 1{,}70 \end{array} \quad (12.15)$$

- Durchmesserverhältnis Welle Q_I

$$K_{Q_I} = -0{,}674 \cdot Q_I^2 + 0{,}098 \cdot Q_I + 1 \text{ für } 0 \leq Q_I \leq 0{,}8 \text{ und } 0 \leq \frac{Q_I}{B/d_F} \leq 1{,}36 \quad (12.16)$$

$$K_{Q_I} = 0{,}065 \cdot \left(\frac{B}{d_F}\right)^{-0{,}03} \cdot Q_I + 0{,}97 \cdot \left(\frac{B}{d_F}\right)^{0{,}06} \text{ für } 0{,}5 < Q_I \leq 0{,}8 \text{ und } \frac{B}{d_F} \leq 0{,}5 \quad (12.17)$$

- Bezogenes Übermaß ξ

$$K_\xi = 1646{,}793 \cdot \xi + 0{,}014 \quad (12.18)$$

- Bezogener Hebelarm κ

$$K_\kappa = 1{,}32 \cdot e^{-0{,}001 \cdot \left(\frac{B}{d_F}\right)} \cdot (\kappa - 1{,}48)^2 + 0{,}64 \cdot \left(\frac{B}{d_F}\right)^{-0{,}04} + 0{,}368 \text{ für } 0{,}7 \leq \kappa \leq 1{,}5 \quad (12.19)$$

$$K_\kappa = 0{,}02953 \cdot \left(\frac{B}{d_F}\right)^{-0{,}008} \cdot (\kappa - 6{,}52)^2 + 0{,}078 \cdot \left(\frac{B}{d_F}\right)^{-0{,}2} + 0{,}175 \text{ für } 1{,}5 \leq \kappa \leq 7{,}0 \quad (12.20)$$

Lebenslauf

Zur Person

Name:	Andreas Maiwald
geboren am:	10.04.1981 in Karl-Marx-Stadt
Familienstand:	verheiratet, 2 Kinder
Staatsangehörigkeit:	deutsch

Schulausbildung

1987 – 1991	Grundschule Klaffenbach
1991 – 1996	Gymnasium Einsiedel
1996 - 1997	Realschule Neukirchen (Realschulabschluss)
2003 - 2004	Hartmannschule Chemnitz (Fachhochschulreife)

Zivildienst

03/2002 - 12/2002	Zivildienst bei der Stadtmission Chemnitz e.V.

Studium

10/2004 - 09/2008	Studium Kraftfahrzeugtechnik (FH Zwickau) Abschluss: Diplom (FH), Prädikat: „Sehr gut" Auszeichnung mit dem 1.Preis des Fachbereichs Maschinenbau und Kraftfahrzeugtechnik
10/2008 - 02/2010	Aufbaustudium Maschinenbau (TU Chemnitz) Abschluss: Diplom (TU), Prädikat: „Sehr gut" Auszeichnung mit dem Johann-Andreas-Schubert-Preis 2010

Beruflicher Werdegang

09/1997 - 02/2001	Berufsausbildung zum Kfz-Mechaniker
03/2001 - 02/2002 01/2003 - 08/2003	Berufsausübung als Kfz-Mechaniker
seit 10/2008	Wissenschaftlicher Mitarbeiter an der Professur Konstruktionslehre der TU Chemnitz, Forschungsarbeit ausgezeichnet mit dem Wolfgang-Beitz-Preis 2013

Der disserta Verlag bietet die kostenlose Publikation
Ihrer Dissertation als hochwertige
Hardcover- oder Paperback-Ausgabe.

Fachautoren bietet der disserta Verlag
die kostenlose Veröffentlichung professioneller Fachbücher.

Der disserta Verlag ist Partner für die Veröffentlichung
von Schriftenreihen aus Hochschule und Wissenschaft.

Weitere Informationen auf www.disserta-verlag.de